数据驱动的在线协作学习交互分析：模型、工具与实践

李艳燕◎著

電子工業出版社
Publishing House of Electronics Industry
北京•BEIJING

内 容 简 介

数据驱动的在线协作学习分析是提升协作学习效果的重要基础，是推动在线学习变革的重要力量。本书系统梳理了学习分析的研究现状，阐释了协作学习的理论基础与研究热点，构建了在线协作学习分析模型——KBS 模型，设计了面向学习者和教师的群体感知工具，分析了群体感知工具对学习者学习和教师教学的支持与指导，探讨了社会调节学习在协作学习中的发生机制，展望了在线协作学习交互分析的发展趋势，为研究者刻画了协作学习分析领域的最新理论模型与研究进展，具有较强的理论价值与应用价值。

本书适合教育技术学、学习科学、在线教育等领域的研究者与实践者阅读，也可供尝试采用协作学习开展教学活动的一线教学人员参考。

图书在版编目（CIP）数据

数据驱动的在线协作学习交互分析：模型、工具与实践 / 李艳燕著. —北京：电子工业出版社，2023.10

ISBN 978-7-121-46438-6

Ⅰ. ①数… Ⅱ. ①李… Ⅲ. ①机器学习－高等学校－教材 Ⅳ. ①TP181

中国国家版本馆 CIP 数据核字（2023）第 183706 号

责任编辑：路　越
印　　刷：北京捷迅佳彩印刷有限公司
装　　订：北京捷迅佳彩印刷有限公司
出版发行：电子工业出版社
　　　　　北京市海淀区万寿路 173 信箱　　　邮编：100036
开　　本：720×1000　1/16　印张：12.25　字数：215.6 千字
版　　次：2023 年 10 月第 1 版
印　　次：2024 年 12 月第 3 次印刷
定　　价：69.80 元

凡所购买电子工业出版社图书有缺损问题，请向购买书店调换。若书店售缺，请与本社发行部联系，联系及邮购电话：（010）88254888，88258888。

质量投诉请发邮件至 zlts@phei.com.cn，盗版侵权举报请发邮件至 dbqq@phei.com.cn。

本书咨询联系方式：mengyu@phei.com.cn。

前 言

在大数据时代，海量的数据资源让我们有机会从更系统、更全面、更宏观的视角审视当前的社会与教育问题，大数据成为推动教育领域系统变革的新型战略资源和科学力量。学习分析作为数据驱动教学的重要抓手，为教育领域新理论和新规律的探索提供了重要支持。运用学习分析开展协作学习研究和实践，有助于我们理解协作学习的过程和内在机理，更好地促使协作学习的发生和推进。

学习分析在协作学习情境中的应用取得了大量的理论与实践研究成果，但是如何有效地呈现分析结果，进而为协作学习提供支持，以及如何帮助教师或学习者更好地理解可视化信息，提升协作学习的绩效等问题，仍需要进一步探索。基于此，本书聚焦在线协作学习情境，通过构建在线协作学习分析模型，利用群体感知工具等实现了对教师教学和学习者学习的过程支持，并在真实的教育场景中开展了大规模的应用与实践，旨在为改善协作学习的效果提供理论与实践支持。

本书共包括 8 章内容：第 1 章介绍了学习分析是数据驱动教育变革与发展的内驱力，以及协作学习分析；第 2 章介绍了协作学习的相关理论、分析方法及研究焦点，为本书系列研究工作的开展提供了坚实的理论支持；第 3 章构建了在线协作学习分析模型——KBS 模型，包含知识加工（K）、行为模式（B）和社交关系（S）三个分析维度，面向个人、小组、社区三个不同层次的研究对象，为在线协作学习分析提供了框架支持；第 4 章设计了在线协作学习群体感知工具，包括学习者学习支持工具的设计及教师教学支持工具的设计，并且在真实的教育场景中进行了应用实践；第 5 章采用准实验研究的方法，探究了群体感知工具对学习者的在线协作学习表现的影响，旨在为提升学习者的在线协作学习体验提供启示；

第 6 章通过为教师提供学习分析工具来支持其了解学习者的在线协作学习情况，了解学习分析工具对教师的支持作用与方式；第 7 章聚焦在线协作学习情境中的一个崭新而有趣的问题，即个人的自我调节能力如何影响并作用于其所在的协作小组的社会调节行为，揭示了二者之间的内在影响机制；第 8 章立足人工智能、大数据等新兴信息技术与教育教学深度融合的发展趋势，提出了未来在线协作学习交互分析的五大发展趋势。

本书是作者在国家社会科学基金一般课题“基于大数据的在线协作学习分析评价与干预策略的实证研究”的资助下完成的系列研究成果的总结，也是其研究团队近年来在协作学习分析领域的经验总结与成果积累。全书从数据驱动的视角出发，对在线协作学习分析中的理论模型、分析工具、支持工具及应用效果等进行了深入的讨论，力求将在线协作学习分析领域的最新理论研究与实践探索清晰地呈现给读者。本书的内容主要面向教育技术学、学习科学、在线教育等领域的研究人员，以及尝试采用在线协作学习开展教学活动的一线教学人员，希望能够为相关读者带来一定的启发。

作者

2013 年 6 月

目 录

VII

VIII

第1章

绪　论

在大数据时代，海量的数据资源让我们有机会从更系统、更全面、更宏观的视角审视当前的教育问题。随着智慧教育建设的持续推进，教育大数据成为推动教育领域系统变革的新型战略资源。在实践领域，教育大数据与教育系统主流业务的深度融合，有助于实现数据驱动的精准教学实施、数据驱动的个性化学习落地、数据驱动的教育评价重构，使得智能时代的教育管理和决策更加科学、智慧，使得教育服务和供给更具人性化。在研究领域，教育大数据的全样本采集、智能分析与计算等有助于教育学研究摆脱过去经验科学、理论科学的禁锢，尝试从计算科学、学习科学和大数据科学等多学科视角探求教育事实、理解教育现象，探索适合智能时代的教育新理论和新规律。学习分析为教育领域新理论和新规律的探索提供了重要技术手段，也因此受到越来越多的关注，协作学习情境下的学习分析研究成为近年来学术界关注的焦点。

1.1 学习分析的内涵及应用

智慧学习环境的搭建使得教育大数据的实时采集与长期存储成为可能。如何更加充分、有效地利用这些数据资源，使之服务于设计与优化教与学的过程，成为教育领域亟待解决的难题。学习分析为解决上述难题提供了重要手段和方法。“学习分析”这一概念于 2011 年召开的第一届学习分析技术与知识国际会议上首次被提出，是指测量、收集、分析和报告关于学习者及其学习情景的数据，以期了解和优化学习和学习发生的情境。具体而言，学习分析就是对学习者的学习过程进行记录、跟踪、分析，对学习者的行为进行预测，对学习者的学习状态和效果进行评估，继而干预学习，提高学习者学习绩效的技术。

如图 1-1 所示，学习分析的基本组成要素包括学习过程、学习环境、教育环境、受众，以及五个环节。学习过程是学习分析和其他类型分析的本质区别，学习分析重点关注学习者的学习过程，包括学习者在学什么、如何达到学习目标、怎样学习等。学习环境是学习者和教师在学与教的过程中利用的所有硬件和软件。教育环境是指教育发生的大环境，包括教育政策背景、教育管理模式等。受众是指学习分析结果的受益者，包括学习者、教师、教育管理者等。五个环节是学习分析的核心组成要素，涵盖了数据分析的支撑技术，包括数据采集、数据存储、数据分析、数据表示与应用服务（评估、预测、干预），这些技术能够为实现对大规模数据的处理及应用助力。

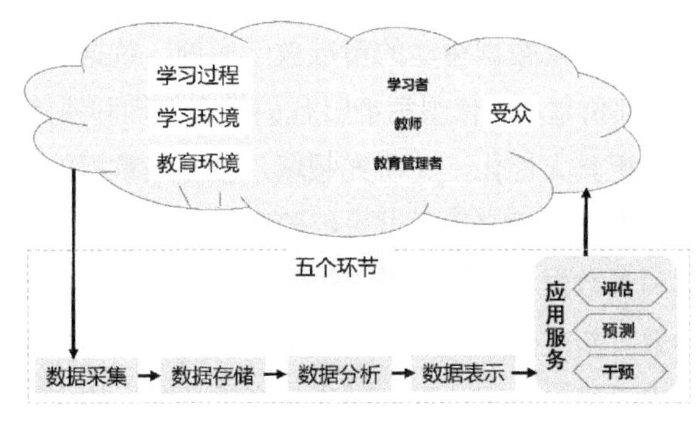

图 1-1　学习分析的概念模型

在数据采集环节，从学习环境及学习过程中采集的数据可以划分为两类：学习者相关数据和学习资源数据。学习者相关数据主要包括学习者在学习过程中产生的学习日志，以及智慧学习环境中的各种动态数据（如文本、图片、音频、包含表情和动作的视频等）、学习者的学习成果数据（如测试、作业及作品等）、学习者的学习路径等。学习资源数据包括课程相关数据、学期信息数据、教学辅导数据、学习管理数据等。

在数据存储环节，需要按照数据的类型和特点，对大规模的数据进行结构化存储，并且需要考虑数据之间的语义关联和不同数据源的数据格式问题。由于学习场景的多样性及学习过程的复杂性，学习分析涉及多数据源的数据采集与语义存储。如何将不同来源的多样性数据加以整合，并将这些数据导入同一个分析框架中，实现大规模数据的语义存储，是数据采集和数据存储环节面临的最大挑战。

在数据分析环节，可以根据不同的应用需求从学习者的规模、时间维度、数据粒度三种角度筛选数据来进行分析。在数据表示环节，将数据分析的结果可视化，用人类可以理解的方式呈现分析结论，将信息转化成为教学研究和学习支持服务的相关知识。根据分析对象的不同，学习分析主要有五种典型的数据分析方法：教与学过程的交互分析、教学资源的分析、学习者之间网络的分析、学习者的特征分析、学习者的行为与情感分析。教与学过程的交互可以分为教师与学习者的师生交互、学习者之间的同伴交互，以及学习者与学习资源之间的交互。教与学过程的交互分析是指利用学习者在学习过程中产生的大量具体的交互信息，深层次挖掘并分析学习者的知识建构过程，涉及的具体分析方法有话语分析法、内容分析法等。

教学资源的分析旨在描述和建立资源之间的关联性，基于语义网技术的学习资源标注和建模能够提供一种灵活的动态元数据描述方法，在保持共享性的同时提供一定的灵活性，实现学习资源智能推送和适应性学习支持服务，从而提升学习效果。学习者之间网络的分析主要是指利用社会网络分析方法从微观（社会角色层次）、中观（组织和群体层次）、宏观（社区制度层次）来分析学习者网络的社会结构，从而得到有意义的信息。例如，对微观层次的分析可以判断哪些学习者个体从哪些同伴那里得到了启示、学习者个体在哪里产生了认知上的困难、哪些情境因素影响了学习者个体的学习过程等。

学习者的特征分析主要通过对学习者的学习日志进行分析，挖掘个人兴趣偏好，建立精确的学习者模型，达到个性化的目标。学习者的特征分析主要采用决策树、规则归纳法、人工神经网络、贝叶斯网络、统计算法和视频分析技术等来挖掘学习者的特征，预测学习成效等，关键应用包括建立学习者模型，预测学习者的绩效和学习表现，从而为教学设计与干预、教育决策与管理提供指导和依据。学习者的行为与情感分析就是要使计算机能够准确无误地感知包括手势语言、面部表情等在内的人类表达方式。基于数据手套的手势识别和基于视觉的手势识别是两种主要的识别技术。基于视觉的手势识别是未来学习者行为分析的主流技术。

根据分析的介质不同，情感分析分为文本情感分析和视频情感分析。其中，文本情感分析是当前学习者情感分析采用的主要技术手段。

学习分析的应用服务主要包含评估、预测和干预。评估是学习分析的重要应用目的之一，评估的内容包括学习者的学习成果、学习状态；学习者群体的学习成就、学习满意度；教师的教学效果、教学策略有效性、教学指导满意度、教学风格接受度；课程安排等。目前，对学习者的学习状态进行的评估研究较多。比如，北卡罗来纳州立大学将学习者的学习记录和个人问卷信息结合起来，对学习者进行学业表现的评估；LOCO-Analyst 是一款基于网络教学环境的教育工具，它能够提供给教师的数据包括学习者在学习课程过程中所有的行为数据、学习者在学习管理系统中浏览学习内容的情况、学习者之间虚拟社会交互的情景等与学习者学习过程相关的反馈数据，帮助教师提高网络课程内容和结构的合理性。

预测是根据已有的数据、规则和模型进行分析推理，对未发生的事物做出估计。预测的内容主要包括学习路径和学习风险。根据学习路径预测，教师可以提供适当的学习资源，便于在干预阶段推送给学习者。对于预测学习风险，平台可以向学习者和教师发布警示：学习者能够及时意识到自己的不佳状态，进行调整以更好地学习；教师也可以根据风险警示加强对学习者的关注，反思自己的教学设计，及时调整教学策略。比如，普渡大学的 Signals 项目旨在跟踪学习者的学习进程，向学习者和教师提供实时的课业信息，并警示学习者在某些方面需要加大学习力度。卧龙岗大学的研究人员使用了名为“社会网络适应教学实践（Social Networks Adapting Pedagogical Practice，SNAPP）”的工具来分析学习者在讨论板的帖子和交互，目的是尝试识别处于学习风险状态的学习者。这一工具能够识别班级中潜在的表现优异和表现略差的学习者，帮助教师更好地制订授课计划；预测班级学习社区的发展方向和特征；提供交互发生前和发生后的报告，反映教学实践的有效性；提供实时的个人表现报告，增强个人与班级的协同。

干预根据不同的角度有多重划分。根据活动的性质，干预可分为教学干预和社会干预。教学干预是指对一切教学元素的干预，如学习路径建议、学习资源推荐等；社会干预是指学习心理疏导、伙伴推荐等。根据活动的规模不同，干预可分为个人干预和班级干预。个人干预是指针对每个学习者，根据其学习风格和学习状态进行资源推送、学习建议和学习社区推荐等；班级干预是指对整个班级进行干预，如学习方法的建议、交互建议、教师推荐等。根据活动的主体不同，干预可分为人工干预和自动干预。人工干预主要应用于传统课堂教学，教师在发现问题后，直接对学习者进行教学干预，如增加练习、调整授课方式和学习活动等；自动干预主要是指非正式学习或混合学习中技术支持下的干预，如个性化学习系统或自适应学习系统实施的干预、教师利用设备对学习者的移动终端进行的干预等。目前自动干预还很少，大多是由教师基于对学习过程的各种评估来实施的干预。自动干预将成为学习分析领域未来具有发展潜力的方向。

综上所述，学习分析就是对学习过程中的信息自动获取和分析的技术。无论是在常规学校教育环境中，还是在非正式学习环境中，学习分析的重要性都日益凸显。学习分析支持下的智慧学习环境，将给人们的学习带来巨大变革。基于学习分析的教育规律挖掘和教育理论模型构建，将为智能时代的教学变革提供强大动力。

1.2 学习分析的旨趣：数据驱动的教育变革

2012 年，美国教育部发布蓝皮书《通过教育数据挖掘和学习分析促进教与学》，标志着“数据驱动学校，分析变革教育”的大数据时代已经来临。利用教育数据挖掘技术和学习分析技术，构建教育领域相关模型，探索教育变量之间的关系，为教育教学决策提供有力的支持，将成为未来教育领域的发展趋势。2015 年，国务院印发的《促进大数据发展行动纲要》（国发〔2015〕50 号）明确指出，要“探索发挥大数据对变革教育方式、促进教育公平、提升教育质量的支撑作用”。2016 年，“大数据驱动的教育变革”国际学术研讨会暨首届中国教育大数据发展论坛在国内召开，来自全国各学术单位、各高校，以及英国、美国、澳大利亚、奥地利等国家的 300 余位专家学者围绕大数据驱动教育变革之思、大数据蕴藏的教育现状之析、教育大数据技术之用三个方面，分享了大数据驱动教育教学变革的研究和实践。2018 年，我国教育部印发《教育信息化 2.0 行动计划》，提出“到 2022 年基本实现‘三全两高一大’的发展目标，即教学应用覆盖全体教师、学习应用覆盖全体适龄学生、数字校园建设覆盖全体学校，信息化应用水平和师生信息素养普遍提高，建成‘互联网+教育’大平台，推动从教育专用资源向教育大资源转

变、从提升师生信息技术应用能力向全面提升其信息素养转变、从融合应用向创新发展转变，努力构建'互联网+'条件下的人才培养新模式、发展基于互联网的教育服务新模式、探索信息时代教育治理新模式”。这一信息化建设宏伟目标的实现为数据驱动的教育顶层设计、管理决策和教育教学变革奠定了坚实的基础。《中华人民共和国国民经济和社会发展第十四个五年规划和2035年远景目标纲要》明确提出“推动大数据采集、清洗、存储、挖掘、分析、可视化算法等技术创新，培育数据采集、标注、存储、传输、管理、应用等全生命周期产业体系，完善大数据标准体系”。国家在大数据技术方面的战略规划，为教育领域开展数据驱动的教育教学变革和管理决策创新打下了坚实的基础。

当前，数据驱动的思想和学习分析技术在教育教学中发挥着越来越重要的作用。首先，数据驱动可以实现精准教学，其核心是学习数据的挖掘、学习表现的评价和基于学习数据的教学决策。依据数据智能化决策调整教学策略、教学手段，进行循证教学，进而构成以理解力、服务力、感知力与计算力为支撑的新型教学，是未来教育的理想形态。比如，李士平等构建了基于数据驱动的学习支持设计模型，实现对学习者学习决策的影响，达到精准教学的目的。付达杰等以 Lindsley 的精准教学为理论支撑，在深入分析大数据对精准教学影响的基础上，从教学目标确立、教学过程框架设计、教学评价与预测三个维度，构建了基于大数据的精准教学模式。王亚飞等从全国超过 70 所科大讯飞智慧教育产品“应用示范校”中，选取了较有代表性的七所学校（位于贵州、安徽、浙江、广东等地），开展案例调研，提出了大数据精准教学技术框架，具体包含四条基本“原则”、一组应用“模式”和若干“最佳实践”。万力勇等提出了大数据驱动的精准教学操作框架，包括精准教学目标设定、精准教学内容推送、精准学习活动设计、学习行为记录与测评，以及精准决策与干预。然而，如何在理论模式、技术框架和实践操作三个层面进行有机整合，形成一套体系化的精准教学解决方案，还有待进一步探索。

其次，数据驱动可以实现对教学过程的干预，即基于数据的学习分析为学习者提供有效的学习干预。比如，Ayres 等先在翻转课堂情境下收集学习者的测试数据、问卷数据及焦点小组意见等，然后基于收集的数据，通过延长活动时间、成绩激励、讲解疑难知识点等方式优化教学设计。方海光等对师生交互信息进行收集、挖掘和分析，基于实时的课堂反馈数据，如题目正确率、交卷情况、题目选项统计等，对学习者进行有针对性的教学指导，以实现教学控制。Datnow 等进行了一项针对中学数学教师教学改进项目的纵向、深入的质性研究，旨在了解教师如何利用学习者思维数据来提高教学质量。研究表明，当教师将新的策略付诸实践时，形成性评估数据的反馈使教师能够识别和改正学习者思维中的错误观念。同时，学习如何使用数据作为教学的一部分，有助于教师提升反思自身实践的能力。然而，在数据驱动的教学过程干预中，教师的数据素养发挥着关键作用。当数据能够让教师更深入地理解学习者的学习行为、反思自身的教学行为，并做出相应的教学设计优化和改进措施时，数据驱动的有效干预才会真正发生。

再次，数据驱动可以实现面向过程的精准测评，基于数据模型和算法能够实现对学习者的学习行为、学习状态、学习过程等的精准测评，最终为学习结果的多元评价提供数据支撑。比如，王洋等提出了数据驱动下的在线学习状态分析模型，魏顺平等提出了数据驱动的在线教学过程评价指标体系，郑勤华等提出了在线教学中的学习者综合评价计算模型，孙洪涛等构建了数据驱动的在线课程评价模型，陈耀华等提出了教师综合评价模型。上述研究为数据驱动的精准测评提供了重要启示。此外，深度学习、情感计算、区块链等新兴技术在教育领域的应用，也为数据驱动的精准测评研究提供了新的知识点。

最后，数据驱动可以实现基于证据的教育教学决策，即在整个教学过程（包括设计、实施、反思评价）中，对收集到的数据进行系统的分析，进而支持决策。数据驱动的决策对学校的改革至关重要。关注学校领导者（如校长）和教师如何使用数据，以及在此基础上如何形成决策，是数据驱动决策的核心和关键。由教师和学校领导者共同组建一个专门的数据使用团队，是促进数据驱动的管理决策的一种有效方式。例如，Schildkamp 等的研究探讨了在数据使用团队中哪些学校领导者的行为是有助于数据的使用的，指出了学校领导者在所属学校建立有效的数据使用团队的五个关键基础：与教师讨论并共同建立愿景、规范和目标；为教师使用数据提供个性化支持，如提供情感支持；为教师提供智力激励，如分享知识和提供自主权；营造一种关注改善而非问责的人性化的数据使用氛围；连接学校中的不同部门，创建一个致力于数据使用的机构网络。也有研究者探索了智慧教室环境下数据启发的教学决策，收集练习测评、视频观看、在线提问及讨论等的数据并对其进行自动化处理，以实现智能决策。例如，通过分析练习测评数据

查找错误产生的原因，通过分析视频观看数据发现学习难点，通过分析在线提问及讨论数据提炼学习者存在的问题等，帮助教师进行教学决策。

可见，教育大数据的发展促使教育教学开始发生一系列的变革，包括数据驱动的教与学、数据驱动的测量评价，以及数据驱动的管理决策。然而，这些变革只是刚刚开始，持续性的、系统性的深入变革还有很长的路要走。数据驱动的教育教学变革，是智能时代教育领域突破学科发展瓶颈、加速知识创新、提升人才培养质量的必由之路。

1.3 学习分析的新发展：协作学习分析

协作学习分析是学习分析研究领域的前沿方向之一。协作学习分析（Collaborative Learning Analytics, CLA）这一概念最早由 Wise 等人提出，旨在将学习分析与计算机支持的协作学习（Computer-supported Collaborative Learning，CSCL）两个领域有机地融合在一起。一方面，学习分析作为一种方法，有助于我们理解协作学习的过程和内在机理；另一方面，作为一种支持工具，学习分析有助于促进协作学习的发生和推进。近年来，学习分析已经从一种用于理解协作学习过程和内在机理的分析工具和手段（Analytics of Collaborative Learning, ACL），转变为一种支持协作学习开展的系统方法（Collaborative Learning Analytics，CLA）。协作学习分析有望建立从理解到行动的反馈闭环，即在理解协作学习的基础上，借助技术手段实现对协作学习过程的自动化分析，并通过将分析结果呈现给教师和学习者，促进协作学习活动设计优化，使协作学习中学习者的行为及时得到干预，最终提升协作学习的体验和效果。

在使用学习分析理解协作学习的过程和内在机理方面，已有研究者做了很多探索。使用学习分析更好地理解协作学习的核心挑战，是从理论建构和技术实现两个方面建立起有意义的学习概念与系统日志捕获的各种数据之间的映射。目前，各种学习分析技术（如过程挖掘、顺序挖掘、数据挖掘、社会网络分析）和机器学习技术（如预测分析、贝叶斯网络和模糊逻辑），已经被应用于在线协作学习的研究和实践中，使学习者的协作交互、参与行为、知识构建等得到更好的理解，预测小组学习表现，从而支持教师和决策者等在协作交互过程中进行有效的干预，最终促进协作学习效果的提升。

在利用学习分析技术构建具备适应性的协作学习小组方面，Amarasinghe 等探索了在跨空间学习时如何根据具备预测性的学习分析来构建适应性的协作学习小组。该项研究收集了来自课堂学习和远程学习的个人在协作学习活动中的参与情况，通过使用监督机器学习技术来预测学习者个体在未来协作学习活动中的参与情况。个案研究结果显示，根据从跨空间学习场景中收集的数据，预测学习者在未来的协作学习活动中的参与情况，具有很高的可靠性，有助于构建体现学习者活动参与差异的自适应协作小组。陈甜甜等利用自编码神经网络提取在线学习者的关键特征，根据同质分组原则，利用模糊 C 均值算法对在线学习者进行迭代分组，构建与学习者的学习特征相适应的协作学习小组，从而解决 MOOC 学习中常见的孤独感问题。

在利用学习分析技术理解学习者在协作学习中的参与情况、改善学习者的协作学习体验方面，Elia 等结合大数据基础设施和学习分析技术，设计并开发了名为 RAMS 的创新系统。该系统可以实现对学习者的协作学习体验进行实时连续监测，并通过数据自动收集、数据结构化处理、数据实时分析和分析结果可视化呈现出来，为教师和教育管理者提供有效手段来理解和优化学习者的在线协作学习。Lu 等提出了一种叫作“SPDI 学习环境”的协作式编程工具，它允许计算机科学的学习者协作开发编程课程的作业，同时将基于 web 的集成开发环境（IDE）与大数据分析技术、可视化仪表盘相关联，为教师理解和评估协作学习中学习者的参与情况提供基于数据的决策依据。

在利用学习分析技术自动评估协作学习中的学习交互和知识建构方面，梁云真深入探索了网络学习空间中学习者在解决协作问题时的交互网络结构，提出了二维度、多层次、动态化的交互意义性评估框架，并对网络学习空间中学习者解决协作问题的行为模式、知识建构行为模式及学习成绩进行了分析及评估，为构建数据驱动的协作学习交互监测与评估体系，支持教师在协作学习中及时提供干预措施和支架策略等提供了思路和启示。Holtz 等描述和讨论了可用于个人和社会群体/集体层面分析 CSCL 中知识建构过程的三种典型方法：自动文本分类、知识动力学聚类分析、社会网络分析。这些方法可以用于分析大规模协作学习环境中知识的动态生成过程。

可见，学习分析技术已经被应用于协作学习，特别是在线协作学习的自适应分组、协作学习参与行为分析和预测、协作学习体验实时监测、协作学习交互和知识建构的自动评估等方面。然而，这离协作学习分析建立从理解到行动的反馈闭环的愿景还有很长的路要走。协作学习分析更加注重面向学习者和教师的分析，为协作学习过程提供及时反馈。换句话说，协作学习分析致力于将上述研究中的分析结果（ACL 的输出）作为面向学习者和教师的分析输入来处理，以此提高协作质量。要实现这一宏伟愿景，协作学习分析领域的研究者需要解决两大难题：一是如何将分析结果有效地呈现为协作学习过程的反馈；二是如何支持教师或学习者理解反馈，并与之互动，最终采取行动。

在过去的十几年间，研究团队围绕上述两大难题持续探索和不断积累，提出了一个针对协作学习情景的多维分析模型，开发了面向学习者的群体感知工具和面向教师的可视化学习分析工具，探索了上述学习分析工具对提升学习者的协作学习效果和改善教师干预行为的长期影响。具体而言，研究团队提出的多维分析模型，有助于探讨在协作学习的讨论活动中学习者的知识建构情况。该模型包含知识加工（K）、行为模式（B）和社交关系（S）三个分析维度，并面向个人、小组、社区三个不同层次的研究对象。基于该模型，研究团队开发了面向学习者的群体感知工具和面向教师的可视化学习分析工具。其中，面向学习者的群体感知工具可以给小组成员提供三类群体感知信息：知识加工（认知信息）、行为模式（行为信息）和社交关系（社会信息）。为了检验该工具对学习者协作学习的影响，研究团队开展了一系列实证研究，并选用真实的教学场景开展长期的在线协作讨论活动，通过运用准实验研究的方法，探究了群体感知工具对学习者协作学习的长期影响。

面向教师的可视化学习分析工具不仅可以收集学习者在学习过程中的登录次数、学习时间等日志信息，还可以对协作讨论中的文本信息、学习者与同伴的交互信息等进行分析。通过采用聚类分析、语义分析、关键词分析等数据挖掘方法，以及自动化的序列分析法和网络关系分析法，该工具可以从社区、小组、个人三个层次对协作过程中学习者的社交关系、行为模式和知识加工三个维度进行多粒度的分析。为了检验面向教师的可视化学习分析工具的有效性，研究团队开展了一系列实证研究，以北京师范大学 Moodle 远程教育学习平台为依托，以在真实环境下参与小组协作学习活动的学习者产生的发帖量为数据来源，从以上三个维度抽取并设计可视化信息进行实时呈现，帮助教师更好地分析和监控协作学习过程。

此外，为了研究在协作学习过程中教师使用可视化学习分析工具的情况，以及使用该工具对教师干预的影响，研究团队采用了个案研究法，对教师使用可视化学习分析工具的过程进行质性分析。同时，研究团队对在线英语协作学习场景中学习者的自我调节能力和小组的社会调节行为进行了实证研究，进一步揭示了学习者的自我调节能力与小组的社会调节行为之间的关系。本书的后续章节将围绕上述模型、工具与实践应用进行详细介绍，并总结了未来在线协作学习交互分析呈现的五大发展趋势。希望本书对上述内容的介绍能为学术界、一线教师等描绘出囊括在线协作学习交互分析的理论模型、支撑工具、实践应用，以及未来发展方向的全景蓝图，促进数据驱动的教育教学变革。

第 2 章

协作学习的理论基础

协作学习的概念化过程涉及多种理论，它们共同影响着协作学习的研究与实践。围绕协作学习的发展，本章将从相关理论、分析方法和研究焦点三个方面展开介绍。在相关理论方面，本章将阐释信息加工理论、社会认知理论、社会文化理论、活动理论及其对协作学习的影响；在分析方法方面，本章将介绍三种常用的协作学习过程分析方法，包括内容分析法、网络关系分析法和序列分析法；在研究焦点方面，本章将探讨协作学习的四个研究焦点，即协同知识建构及协作论证、社会调节学习、协作脚本设计与应用、智能协作代理。

2.1 协作学习的相关理论

2021 年，《计算机支持的协作学习国际手册》发布，该手册从理论基础、学习过程、技术支持及研究方法等维度对 CSCL 研究领域进行了详细的总结与梳理。在理论基础部分，该手册提出了整合的 CSCL 理论框架，包括方法、技术、实践三个方面，形成了主体、主体间及客体间三类立场，强调通过整合多元理论来阐释协作学习的发生过程。基于此，本章将重点介绍信息加工理论、社会认知理论、社会文化理论及活动理论，阐释协作学习的形成过程与发生机制。

2.1.1 信息加工理论

信息加工理论是由加涅于 1974 年整合了行为主义学习理论和认知主义学习理论而提出的，是认知心理学的基本理论。该理论的基本假设是行为由有机体内部的信息流程决定，学习过程是对信息的接受和使用的过程，学习是主体与环境相互作用的结果。信息加工理论的核心是用描述人的认知过程的信息加工模型，即用来自外界环境的刺激学习者的感受器，使其产生神经冲动信息并送入感觉登记器，通过选择性知觉短时记忆信息并对其进行复述、加工、编码，最后将其送入长时记忆中存储下来。认知心理学家利用计算机科学、语言学和信息论的有关概念，阐明了人的认知过程及其适应行为，推动心理学各个领域的理论和实验研究的发展，特别是在有关知觉、记忆、语言和问题解决的研究中取得了很大进展。

随着对建构主义和社会认知心理学的研究的深入，研究者意识到人的认知过程不仅仅局限于个体内部，还与其所处的社会情境息息相关。为此，研究者整合了有关社会认知的研究成果，提出了社会认知情境下的信息加工模型，用于解释人的认知系统在社会情境中的工作过程。CSCL 领域中的认知加工就是社会认知情境中认知系统的工作过程。在这个过程中，基本信息加工活动（如编码、图式激活、排演、元认知和检索等）通过同伴间的互动被放大或得到认知性的阐述。编码涉及对输入信息的主动加工，有先验知识的学习者更有可能对新信息进行有效编码，因为这些学习者可以将新信息与自己已经理解的知识建立联系。同时，教师可以通过提醒学习者帮助他们激活现有的图式和知识，以辅助学习者更有效地完成新信息的编码。此后，通过练习或信息的排演，学习者可以更深入地加工信息，使其以后更容易被检索到。在上述信息加工过程中，学习者和同伴共同学习有利于其完成更深入的信息处理，从而更积极地参与到协作中。

2.1.2 社会认知理论

社会认知理论由班杜拉于 20 世纪 70 年代提出，并在 20 世纪 90 年代得到迅速发展。社会认知理论是社会心理学的重要理论之一，它是一种用来解释社会学

习过程的理论，即人们的学习活动由个体行为、个体认知及其他个体特征、个体所处的环境三种因素的交互决定。该理论主要关注人的信念、记忆、期望、动机和自我强化等方面，具体来说包括三元交互决定论、观察学习、自我效能感和对结果的期望。

社会认知理论主要关注三个方面：一是人们如何通过模仿而提升认知、社会及行为方面的胜任力；二是人们如何树立对自己能力的信念，从而有效利用知识与技能；三是人们如何通过目标系统发展个体动机。CSCL 研究领域中的社会认知理论是在个体学习、个体认知和个体动机等概念的基础上，关注小组协作学习如何影响个体学习的进步，以及控制独立变量的操作如何影响学习者协作学习的成功。研究者可能会关注个体在协作学习中的认知和动机的发展，或者预测各种脚本策略对协作学习过程和个体学习结果的影响，以及将调节学习的研究从自我调节学习拓展到协同调节学习和社会调节学习等，这都是社会认知理论在 CSCL 研究领域中的重要体现。

2.1.3 社会文化理论

社会文化理论是由苏联心理学家维果茨基提出的，属于心理语言学研究范畴，其强调社会文化因素在人类认知功能的发展中发挥了核心作用。该理论的本质是把对人类文化和历史的研究融入对人类思维发展的理解过程中，主要用来了解人类的思维与文化、历史和教育背景之间的关系。概括来说，该理论认为人类认知的发展是个体与其所在的社会文化客体不断互动的结果。

社会文化理论导向的 CSCL 研究将学习嵌入社会文化和历史系统中，即学习过程中的社会维度、文化维度和历史维度与学习者的个人特征、学习发生的环境密不可分。在学习中，个体均沉浸在独特和共享的社会文化和历史文化中，因此语境是在参与者和活动之间的互动中动态构建的。在该理论的引导下，CSCL 的研究者特别关注个人、活动和人工制品的社会文化和历史层面，以及这些是如何影响个体和技术之间的互动的。典型的研究方法包括话语和互动分析、访谈和民族志等，这些定性的方法旨在为人们彼此之间的互动及其与环境的互动提供丰富的描述性解释。整体来说，研究者强调语言是 CSCL 研究的重点，可以更好地帮助学习者理解自己在 CSCL 情境中的学习过程。从社会文化理论的角度来看，这种观点可以加深我们对 CSCL 动态性质的理解，从而为设计更有效的 CSCL 情境提供支持。

2.1.4　活动理论

活动理论是研究者将康德和黑格尔的德国古典哲学、辩证法相互融合而提出的一种理论，是对社会建构主义理论的进一步丰富和完善。活动理论包含主体、群体和客体三个主要要素，以及工具、规则和分工三个次要要素。在教育活动中，主体作为活动的执行者，将按照自身的意愿改变客体，这种改变使客体具备社会文化属性。群体是指活动主体的聚集地。工具是学习活动的中介，包含具象工具和抽象工具。规则是指能够连接主体和群体的标准、规范、策略等。分工是指活动中个体的任务分工。此外，活动理论强调，在活动系统中，人们需要特别关注各要素之间的对话和交互活动，并从多个视角来看待同一个活动网络，以及多活动系统的跨边界交叉。

CSCL 活动也是一种活动系统，是指协作小组在共同任务目标下集体参与的知识建构活动，也包含了这六个基本要素。在这个过程中，主体是参与活动的协作个体，其对群组问题的解决做出了贡献和努力；客体则是需要个体共同完成的协作任务。成员内部的交互遵循了一定的规则，这些规则不仅可以影响成员的交互，并且可以提供交互群组协作解决问题或完成任务的动机来源。工具是指调节学习和协作活动的相关媒介，包括计算机、在线工具、系统及协作环境等。分工是指个体承担了协作问题解决过程中的不同任务，并通过协作支持完成任务。因此，活动理论将社会行为和行为的内在依赖联系在了一起，进而为综合分析 CSCL 中的知识发展过程提供了一种有效的方法。

2.2　协作学习的分析方法

当前，研究者倡导从多学科视角对协作学习开展深入、细致的研究。由于协作学习环境的复杂性，研究者往往会面临多样且复杂的数据，因此如何针对不同

的数据类型和研究目的来选择合适的研究方法，便成为开展协作学习研究的难点之一。协作学习研究领域的主要分析方法包括内容分析法、视频分析法、话语分析法、网络关系分析法和序列分析法等，并且逐渐转变为定量与定性相结合的分析方法。接下来笔者着重介绍内容分析法、网络关系分析法和序列分析法。

2.2.1 内容分析法

内容分析法是协作学习的主要研究方法之一，是深入了解学习者的认知和情感状态、判断协作学习效果的重要方法。该方法的分析对象是协作学习过程中的对话、行为和产出。1992 年，Henri 提出了面向计算机会话内容分析的内容分析框架，正式将内容分析法引入协作学习过程的研究中。该框架包括参与、社会性、社交、认知和元认知五个方面，可以对在线学习内容进行系统的分析。在此基础上，研究者进一步将认知理论等学习理论引入过程分析中，逐步将认知参与、信息加工和过程交互等内容加入对协作学习过程的分析中。

此外，研究者还对协作学习过程中内容分析的研究对象进行了深入的探讨。在协作学习中，理解是在互动中产生的，对话是学习者进行表达和沟通的基本形式，在各种教学实践中起着至关重要的作用，因此对话分析和协作学习研究之间有着密不可分的关系。社会学家 Harvey Sacks 将对话分析确立为一个调查研究领域，并在 20 世纪 60 年代末和 70 年代初的一系列演讲中进行了详细的阐述。Harvey Sacks 研究互动对话的方法源于民族志研究，这是社会学研究的一种流派，聚焦于社会成员如何在日常生活中进行切合实际的生产创造。在此基础上，对话分析关注的是说话者和听话者在互动过程中协作进行意义建构的方法。协作中的语言分析涉及多个研究领域，包括学习科学、组织行为学、社会语言学、语言技术和机器学习、社会心理学及社会学等。其中，来自系统功能语言学的观点和方法为我们探索协作学习中的对话提供了基础。系统功能语言学研究学习者如何通过语言表达自己的选择，为分析文本互动的类型和面对面的交互奠定了坚实的基础。系统功能语言学中的语法隐喻等机制也赋予了它通过语言表现推理过程和概念发展的能力。

除了对话分析，采用视频记录和分析协作学习过程也可以为我们提供全面而丰富的高质量分析素材，帮助我们更深入地了解协作学习过程。基于视频的数据分析首先需要解决数据分析方法的可靠性和有效性问题。基于视频的数据分析通常是一个迭代过程，涉及视频记录本身、假设形成和数据解释，以及各种发现、评价、展示的过程性表现。此外，由于视频记录通常包含丰富的互动现象，即眼睛注视、身体姿势、谈话内容、语调、面部表情、身体构件，以及联合注意的校准和维持等，很容易让研究者在分析过程中忽略细节，因此需要制定明确的分析策略，以确定如何建立视频的内容并呈现其包含的现象。在采用视频记录对协作学习过程进行分析时，可以将视频划分为不同片段，并为每个片段进行总结和编码。

2.2.2　网络关系分析法

在协作学习中，学习者的社会交互行为与知识建构呈现动态变化的特征。为了应对协作过程所涉及的社会交互演变和认知发展变化，研究者往往采用网络关系分析法来开展研究。目前较为常用的网络关系分析法有社会网络分析（Social Network Analysis，SNA）和认知网络分析（Epistemic Network Analysis，ENA）。

社会网络分析能够实现对学习主体之间关系结构的检测，并从角色或社区等子结构层面进行解释。社交网络能够将特定时间段或“窗口”内的行为和通信数据压缩为一个关系网络结构，该结构由节点（参与者）和代表参与者之间关系的连接组成。这一基本网络结构不再表示对时间的依赖性，如它不会体现某个连接是在另一个连接之前建立的。基于 SNA 的 CSCL 研究开展已久。早期研究者 Reffay 和 Chanier 将其应用于共享论坛学习小组的凝聚力研究。Martínez 等人提出了一种将 SNA 与混合协作学习场景中的传统数据源分析相结合的评估方法。Oshima 等人提出使用 SNA 分析基于课堂互动记录的话语结构模式和知识进化。同时，SNA 附属网络（包含两种实体网络，如学习者资源网络）在社区参与者的角色检测方面也表现出了巨大的发展潜力。

认知网络分析是一种通过识别和量化话语数据中的元素，并模拟各元素之间的连接结构来生成动态的网络图，进而实现数据可视化的方法。ENA 借助认知框架理论，对学习者在交互过程中的文本数据进行量化、编码，并采用动态网络模

型对学习者认知元素间的关系进行表征与分析。它既可以量化和表征网络中各元素间的连接结构及关联强度，也可以表征连接的结构与强度随着时间推移的变化情况。具体来说，ENA 既可以通过网络图来表征复杂的认知结构，还可以描述个人（或团体）所使用的概念在学习行为数据中相互关联的方式。它记录了特定领域专业思维要素之间的发展和联系。这些专业思维要素以网络节点来表示，并通过节点间连接的强度和网络结构的变化来表征自身的发展变化情况。因此，研究者可以利用这种可视化表征方式对专业思维要素的发展进行评估。ENA 的数据建模是指从数据清理开始直至节点生成的计算过程，包括数据的分割与编码、矩阵建立、向量计算、标准化处理、降维分析及定位节点六个步骤。ENA 不仅能够分析话语和文本信息，还能够分析行为交互数据，进而促进关于学习者的认知结构、行为特征、交互方式，以及检验教学模式的有效性等方面的研究。其中使用的不同编码方案和标准，既可以作为形成性评价的工具和方法，也可以作为总结性评价的工具，检测学习者的学习水平。

2.2.3 序列分析法

序列分析法是研究者为了检验假设所开发的一种基于条件概率的统计方法。序列分析法将跨时间的事件建模为一个离散过程，在这一过程中当前事件决定了下一事件发生的概率。与条件概率一样，序列分析法仅适用于同一级别的离散结果和解释变量，不仅要求事件是连续的，而且需要大量样本来测试稍微复杂的解释模型。

在协作学习研究中，小组实践通常被视为一个互动环节，在这一过程中，小组周期性地重复某些事件以响应特定的条件。如果一个群体正在学习或者获得一种新的事件，那么运用序列分析法可能捕捉到群体探索并决定要采用的新行为的互动过程。滞后序列分析法（Lag Sequential Analysis，LSA）是在协作学习研究中常用的序列分析法之一。1978 年，Sackett 提出了这种检验行为序列显著性的方法。该方法通过分析一种行为在另一种行为之后出现概率的显著性，探索人类的行为模式。近年来，该方法被广泛应用在对学习者各类学习参与行为和方式的分析中，如分析在线平台或空间中的讨论、协作问题解决或协同翻译行为，分析在线教育游戏系统或活动中学习者的操作行为或参与方式等。Su 等人在探究大学生通过 CSCL 进行协作阅读过程中的调节行为时，对学习者的聊天日志进行了序列分析。结果显示：高绩效组表现出了“内容监控、组织和过程监控”的模式；相反，低绩效组则表现出了一系列有限调节技能的模式。这一结果强调了 CSCL 中的适应性脚本在促进群体协作调节学习和社会调节学习方面的必要性。

随着数据挖掘技术和机器学习方法的成熟与普及，研究者将协作学习过程的序列分析与新型数据挖掘技术进行了融合，产生了有价值的研究成果。例如，Zheng 等将关联规则的挖掘方法应用于序列分析中，对学习者在协作学习中的问题解决行为的序列模式进行了探究。宋宇等采用机器学习方法，对课堂教学中的长时行为序列进行了分析，挖掘了课堂互动序列演进的模式。新型数据挖掘技术的引入，为探究不同类型的协作学习方式、挖掘学习者的高阶思维能力和发现协作学习中的互动演进规律，提供了丰富而有效的手段。

2.3　协作学习的研究焦点

技术在协作学习领域的重要性与日俱增，其不单单指某种具体的工具，还囊括了应用这些工具所依托的学习活动与情境。CSCL 领域的研究范围较广，涉及技术工具的设计、课程学习环境、新兴教学方式设计等内容。本研究团队近年来围绕协作学习，在协同知识建构及协作论证、社会调节学习、协作脚本的设计与应用、智能协作代理等方面开展了一系列的研究，这也是协作学习研究领域中一直受到研究者关注的焦点问题。接下来笔者将重点介绍以上各方面，尝试对协作学习的研究焦点进行简单论述。

2.3.1　协同知识建构及协作论证

知识建构（Knowledge Building）聚焦于 21 世纪社会所需的协作知识创造能力，让学习者在真实情境中主动、有目的、持续性地参与社区知识建构活动，通过创建和分享个人知识、创建集体认知目标、小组协商并达成综合想法，不断创建和修正社区的公共认知，完成学习的重塑。为了深入理解知识建构的过程，研究者从不同视角提出了多种知识建构分析模型。Gunawardena 等人在社会性协同知识建构交互层次分析模型中，将知识建构过程划分为共享和比较信息、发现和分析观点间差异、提出共同建构知识的新建议、测试和修改协同建构的知识、达成共识并应用新知识五个基本阶段。Stahl 则聚焦协同知识建构过程中群体协作和个体认知加工之间的关系，提出了双循环知识建构过程模型，用以表示个体进行知识理解的过程和社会性知识建构的多个阶段。该模型基于社会建构主义理论和社会认识论，充分体现了个体基于所拥有的社会文化知识和外部表征环境，将个人观点发展为个人信念，再进一步通过公开陈述、讨论、解释、协商等社会性交互，最终将其发展为公共知识的过程。Scardamalia 和 Bereiter 将知识建构定义为"为社区增加价值的知识生产和持续改进过程"，开发了能够支撑知识建构的、计算机支持的、有目的的学习环境（Computer Supported Intentional Learning Environment，CSILE），并提出了基于原则的知识建构教学法及知识建构 12 条原则。

从知识建构角度来看，为了让学习者从传统教学模式中的被动接受者转变为积极的知识建构者，研究者尝试对学习环境进行设计，并通过采用包括移动设备在内的工具支持知识运用。知识论坛（Knowledge Forum，KF）是一个基于知识建构理论构建的异步交互网络学习平台。知识论坛的主要功能是为学习者和教师提供一个自由讨论的公共空间，并且能够可视化地呈现学习者发表的观点及观点之间的关系，有利于观点的改进和社区知识的形成。知识论坛还自带评估工具，如贡献和参与评价工具、社会网络分析工具等。社区成员在知识论坛中的学习行为、交互行为都会被记录下来，可以为研究和教师评价提供详细的统计学分析数据。北京师范大学未来教育高精尖创新中心研发了连接式知识建构的支撑环境——学习元知识社区，引导学习者在与学习元的交互过程中将个体知识外化为社区公共知识，并将个体间零散、无序、开放的知识转化为具有群体共识的知识网络。

此外，柏拉图、苏格拉底、黑格尔等哲学家强调了对话方法在促进知识获取和知识建构方面的重要意义。维果茨基则将对话与人的心理过程紧密联系起来，强调了社会互动对个人认知发展的关键作用。学习者聚集于各种学习场景，他们通过互相提出论点并试图说服对方接纳自己的观点的方式，分享和促进知识学习。研究者将学习者在不同立场下进行的观点交流、理解、阐述，视作一个协作小组共同创造新知识的过程，并称之为"论证"。长期以来，论证一直被认为是协作学习的一个关键过程，研究者将其视为协作学习的“社会和文化资源”。图尔敏在其最具影响力的论证专著《论证的使用》中，研究了人们如何成功地表达自己的观点和主张，从而使这些观点和主张在论证中得到合理的证明。他主张使用程序性概念，通过识别特定的常量因素和变量因素来检验论证的有效性。图尔敏提出的实用论证框架共包含六个要素，即主张（Claim，一个需要证明和验证其有效性的结论）、资料（Ground，适合作为主张依据的事实或任何证据）、理由（Warrant，主张和资料之间的联系）、支持（Backing，当理由不能充分说服听众时，提供让他人相信理由的证据）、反驳（Rebuttal，指出原始主张的潜在限制的一种声明）、限制条件（Qualifier，对主张置信水平的表达，如“可能”或“在某些情况下”）。其中，前三个是强制性要素，后三个是选择性要素。

伴随着论证的发展，论证技巧也成为 CSCL 研究关注的焦点。例如，研究者在知识建构背景下进行 CSILE 和 KF 等平台的开发，将其作为协作论证的工具，支持学习者进行想法的提取和整合，并由此对彼此的建议进行思考。此后，脚手架工具被整合到知识建构平台中，通过展示学习者的贡献等方式间接地引导学习者更多地参与论证过程。例如，利用知识空间可视化处理 CSCL 场景下的数据，可以将参与者的笔记投影到图形用户界面，以呈现协作论证过程中讨论和笔记之间的关系。如今，越来越多的方法正在被开发，使得论证中的各种要素能够得到自动检测。例如，对话代理通过提示信息帮助学习者制定和改进自己的论证路线，并批判性地审查他人的论点，从而达到支持协作学习的目的。

2.3.2　社会调节学习

协作学习可以帮助学习者提升其协作能力和学习效果。然而在协作学习过程中，学习者面临着来自认知、动机、社会和环境等诸多方面的挑战。例如，学习者之间对学习任务没有达成共识，不同学习者对学习的投入不同，小组成员之间产生矛盾等。在应对这些挑战时，学习者不仅需要拥有足够的知识，还需要与小组成员进行协商、沟通、分享，使小组成员具有统一的任务理解能力、策略和目标。为此，研究者将自我调节学习方面的研究成果引入协作学习中，提出了“社会调节学习”这一新的研究领域。社会调节学习是群体活动或人际互动过程中的

调节模式，关注学习者通过与小组成员的互动，理解学习任务、设定目标、制订计划、实施策略，并通过对学习表现进行监控和评价，实时修订目标、计划和策略。为了保障协作学习的效果，社会调节学习要求学习者在协作过程中可以相互有目的地对任务要求和目标进行协商，灵活地使用工具和策略，监控学习过程，以便能够对在协作学习中遇到的挑战进行及时的反馈。

社会调节学习的概念虽然源于自我调节学习，但是其研究对象是协作学习环境中的学习者及其与同伴之间的调节关系。因此，社会调节学习既继承了自我调节学习多方面、循环性的特点，又强调了调节学习的社会性等新的特征。具体来说，社会调节学习具有六个特征。第一，多面性。社会调节学习包括学习者和小组对动机、情感、行为和认知的控制。在这个控制过程中，元认知监控、元认知控制和评价共同对调节学习产生作用。同时，调节的动机、情感、行为和认知并不是各自独立的，而是相互影响的。第二，主动性。在协作学习中，学习者和小组需要主动地影响对方。社会调节学习并不是学习者必须进行的活动，它需要学习者发挥主观能动性，积极地监控学习过程并进行调节。因此，在社会调节学习中，需要重视学习者的学习目标、学习倾向，将学习目标与学习者的自身需求进行关联。同时，学习者也应该主动运用知识和经验进行社会调节学习。第三，循环性。社会调节学习既不是一种静止的状态，也不是一个线性的过程。Zimmerman和 COPES 的社会调节学习模型都说明社会调节学习是一个包含多个阶段的循环过程，并处于不断变化的状态。第四，经验性。在社会调节学习中，学习者和小组均会带来大量关于任务、领域和情境的知识与信念。这一背景会影响学习者和小组在任务理解、策略使用、挑战感知和标准设定等方面的表现，从而影响其社会调节过程。第五，自适应性。社会调节学习在协作学习中并不是随时发生的，而是学习者和小组为了完成任务和优化任务结果，对协作过程中的挑战、困难、失败的自适应反馈。社会调节学习是当学习困难产生时学习者采取的自适应策略，需要持续的元认知监控，但是调节行为仅发生在必要的时刻。第六，社会性。社会调节学习是学习者、任务、教师、同伴、学习情境和文化交互作用的结果。文化背景、同伴关系、社会交互、任务情境等共同影响着学习者和小组对任务价值、个人意义、学习产出、协作标准的定义，从而影响社会调节学习。

在协作学习中，学习者的社会调节学习有三种类型，即自我调节（Self-regulation）、集体调节（Socially Shared Regulation）和同伴调节（Co-regulation）。其中，自我调节是学习者在协作学习中为了达到任务要求、完成学习目标，对自身的认知、行为、动机和情感状态进行的调节。在协作学习中，学习者的自我调节不仅来源于其内在的诉求、情感和能力，还来源于其与同伴之间的交互。自我调节的目的，一方面是让学习者更好地投入学习中和完成任务，另一方面是让学习者能够更好地融入小组，可以与同伴进行良好的沟通。集体调节是指小组成员通过集体进行商议、策略选择、计划、任务执行和反馈等学习策略，共同完成对小组的行为、动机和情感的调节。集体调节反映了小组的意愿和目标，其目的是提升整个小组在认知、行为和情感上的表现，促进协作任务更好地被完成。同伴调节是指学习者在协作学习中对他人的学习过程、状态、情感、动机等方面的调节行为，常见于学习者之间存在分歧或沟通不畅时。其与集体调节的最大区别在于：同伴调节由某个或多个团队成员主导，对象是一位成员；而集体调节由所有学习者共同参与，对象是整个小组的学习过程。

2.3.3　协作脚本的设计与应用

CSCL 作为利用计算机技术促进学习者群体协作的研究领域，实现了包括探究式学习在内的一些先进教学方法。尽管有研究表明，这些具有挑战性的教学方法在增强学习吸引力和有效性方面具备极大的潜力，但如果仅仅是将学习者分配到各个小组，并让他们利用自身所持有的设备进行自主学习，那么大多数学习者往往很难利用好这些机会。协作脚本作为特定交互模式的过程性脚手架，以一种简单、有效的方式支持协作学习过程，能够明确协作任务及小组成员的角色，减少学习者的认知负荷，促进协作学习的社会性过程和认知过程的开展，是弥补学习者缺乏协作实践相关认知、指导学习者进行有益协作活动的有效手段之一。

“脚本”一词在认知领域具有很长的历史，“脚本”观点也经历了从大而稳定的认知结构（标准化的事件序列）向多种组件构成的动态认知结构转变的过程。“协作脚本”一词最初由 O’Donnel 提出的脚本化合作（Scripted Cooperation）发展而来，指的是向协作小组成员提供的有关执行特定协作任务的指令集。Kobbe 等给出了协作脚本的描述性定义，即为结构化协作学习过程设计的一种活动模型，其目的是通过改变协作学习过程的交互方式，支持个体在小组协作中的知识建构。在此基础上，Fischer 定义了脚本理论中的两大要素：内部协作脚本和外部协作脚本。其中，内部协作脚本可以被理解为一种存在于学习者大脑中的特定形式的认知图式，是帮助个体在动态发展的事件序列中以有意义的方式理解和采取行动的认知结构。外部协作脚本是指导学习者参与规定协作活动的特定序列、为学习者指定活动角色等协作实践活动的一种外部支持。

目前，脚本已被广泛应用于 CSCL 研究中，并已扩展至探究性学习、基于问题的学习等协作场景。在 CSCL 研究中，脚本主要包括宏脚本和微脚本两种形式。其中，宏脚本是指通过将学习阶段进行排序的方式来管理课堂活动，不会进一步指导学习者如何在这些阶段中采取行动。Dillenbourg 和 Jermann 开发的 ArgueGraph 脚本就是一个宏脚本的实例。该脚本首先引导学习者就一个有争议的话题通过填写在线调查问卷表达自己的观点；然后，在第一次集体讨论阶段，学习者将针对问卷中表达的观点进行口头讨论；之后，ArgueGraph 脚本使用软件算法将持有不同意见的学习者分到同一小组，要求他们就不同问题达成一致，并要求他们再次填写问卷；紧接着，这些小组的讨论结果将会在集体讨论中被展示和讨论；最后，教师让学习者以个体为单位总结问卷中某一问题的讨论情况。相比之下，微脚本在协作角色、话题转换和个人话语贡献等层面上为协作学习活动提供了具体支持。正如 Weinberger 等的研究，将微脚本整合到一个异步在线讨论平台中，以促使小组成员对同伴的贡献提出具体问题或进行反驳。例如，向学习者提供发言可用的句子开头（“在你的分析中，我仍然不清楚的是……”）。

2.3.4 智能协作代理

人工智能技术在协作学习中发挥着重要的支持作用。早在 1998 年的第四届智能辅导系统国际会议（4th International Conference on Intelligent Tutoring Systems）上，就有学者提出在智能导师系统中使用教育智能体，以促进学习者的学习和视觉情感交流。受到对教育智能体的研究的启发，智能协作代理逐步进入协作学习的研究视野中。

智能协作代理是以“促进协作学习”为目标的虚拟角色。智能协作代理可以是一个简单的静态角色，能对视觉刺激（如屏幕上的文本）做出反应；也可以是一个复杂的三维角色，通过手势和肢体语言提供视觉信号，通过叙述提供听觉线索。采用虚拟建模、机器人等技术，计算机可以模拟很多生物学方面的类人特征，并有针对性地模拟和控制信息传递的时间和质量，从而通过教学交互对学习产生影响。同时，智能协作代理还具有很强的可指导性，能够创造理想的环境，为学习者提供新的思考、推理和学习的方式。在目前的智能协作代理应用中，采用言语对话方式对协作学习过程进行指导是主要的应用形式。然而，为每位具有特定需求的学习者找到一个适合的对话伙伴（指导者或同伴），却面临着很大的挑战。如果指导者或同伴缺乏适当的元认知能力、技能和耐心，可能会对学习结果产生负面影响。解决这个问题的一种方法就是采用智能协作代理，让其扮演协作学习过程中的指导者或同伴。现有研究表明，智能协作代理可以参与到学习者之间的社会对话中，从而通过社交对学习产生影响。同时，智能协作代理可以提取学习者在某个学习主题下的模糊心理概念，并使用可视化工具生成更具体的表达，使学习者能够通过与智能协作代理的社会互动来反映和构建他们的思想，进而影响他们的元认知能力的发展。

除了对智能协作代理的引导过程进行设计，改善其形象和交互功能也是重要的研究方向。智能协作代理的形象和交互功能包括非社会性系统、隐性社会性系统和显性社会性系统。其中，非社会性系统是指未在学习过程中与学习者进行交互的智能协作代理，如文字代理和早期的自动化教学机器。隐性社会性系统是指仅和学习者进行文字交互，但不具备具体形象的智能协作代理。这一类别的典型示例是 Anderson 等人开发的智能导师系统——认知导师（Cognitive Tutor）。该系统通过计算模型呈现学习者的思维和认知过程，但其本身是没有视觉特征的无实体文本。显性社会性系统通常以形象化的外表、语言、动作与学习者进行交互，以促使学习者对代理社会产生感知，如通过创造角色与学习者互动，或使用 3D 虚拟角色帮助儿童进行识字练习。

第 3 章

协作学习分析模型的构建与应用

CSCL 是学习者在计算机网络技术的支持下，组成学习共同体，并在群体活动与交互中协同认知、交流情感，以提高学习绩效为目的的理论与实践。通过技术支持的在线协作学习，尤其是在线协作讨论，学习者能够在更大程度上提出问题，清晰地表达想法，彼此交换观点，共享信息，进行意义协商，发展认知技能和批判性思维，最终提升自身的协作学习能力。研究表明，良好的协作学习对学习结果有积极的影响，然而人们尚不清楚有效协作发生的内部机制。因此，新一代的研究者开始寻求并识别隐藏在积极协作结果背后的成因和机制，关注成员之间协作交互的过程，试图通过对协作学习过程的深入分析，理解有效协作发生的内部机制。

在教育大数据环境下，在线学习平台可以借助技术的支持，记录学习者在协作学习中产生的各种行为数据和信息，使得学习分析技术在教育数据领域发挥越来越大的作用。学习分析技术的发展，也使得更多新的技术和思想可以与在线协作学习分析进行有效结合，从而实现自动化分析。本章基于学习分析的视角，研究如何从多维视角和层次构建面向 CSCL 的学习分析模型，全面刻画在线协作学习的讨论过程。基于该模型，研究者能够开发面向自动化的在线协作学习分析工具，利用多视图的可视化呈现，提升数据结果的可解释性和可理解性，使其能够协助教师实施对协作学习的分析、监控，减轻教师负担，并最终促进教师对教学活动的有效评价和及时反馈。

3.1 协作学习分析模型概述

3.1.1 协作学习分析模型

关于协作学习分析模型的研究，不同研究者有不同的研究视角，所依赖的理论基础不同，采用的分析维度也存在差异。有的研究者从不同维度考虑用多个要素构建协作学习分析模型，有的研究者对在线协作学习中的单一要素进行深入分析。接下来笔者从不同维度的协作学习分析模型和单一要素分析两个方面介绍已有研究。

协作学习分析模型是在线协作学习的概念抽象，体现了人们对在线协作学习的再认知过程。研究者基于在线协作学习中的对话内容，从不同的维度构建了协作学习分析模型。表 3-1 所示总结了应用较为广泛的协作学习分析模型。

表 3-1　应用较为广泛的协作学习分析模型

模型构建者	理论基础	分析维度/要素	分析单元	分析方法
Henri	认知理论	参与、交互、社会化、认知、元认知	主题	内容分析
Newman	批判性思维	相关性、重要性、新颖性、引入知识、明确性、关联性、依据事实判断、批判性评价、实用性、全面性	主题	内容分析
Zhu	认知理论、建构理论	提问、回答、信息共享、讨论、评论、反馈和脚手架	消息	内容分析
Gunawardena	知识建构	共享/比较信息、发现和探索不一致或矛盾的地方、意义协商/重构知识、测试和修正、达成一致/应用新的意义建构	消息	内容分析
Bullen	批判性思维	澄清问题、评估证据、判断推理、应用策略	消息	内容分析
Garrison	认知理论	社会存在、教学存在、认知存在	消息	内容分析
Fahy	知识建构	结构特征（规模、密度、强度）和交互作用特征（垂直询问、水平询问、声明和支持、反思、脚手架）	句子	社会网络分析 内容分析
Veerman	知识建构	新想法、解释、评价	消息	内容分析
Jarvela	知识建构	理论、新观点/新问题、经验、建议、评论	消息	内容分析

续表

模型构建者	理论基础	分析维度/要素	分析单元	分析方法
Veldhuis	知识建构	参与/交互、认知/情感/元认知、学习产出的质量	意义单元/消息	社会网络分析 内容分析
Weinberger	知识建构	参与、知识、争论、社会模式	片段	内容分析 定量分析
Thanasis	认知理论	学习输出、交互行为、社会支持、任务脚手架	消息	定量分析 社会网络分析
LiYanyan	知识建构	言语话题、言语意图、社会网络	消息	定量分析 内容分析
Kirschner	知识建构	认知、社会、动机	消息	内容分析
Häkkinen	知识建构	参与者活动/关系、小组/个人讨论水平、个体/小组的学习输出、个体/小组关系、交互模式	消息	定量分析 内容分析

Henri 从参与、交互、社会化、认知和元认知五个维度定义了协作交互过程的分析框架，并确立了较为明确的编码体系和意义单元，目标是对教学实践进行指导。“参与”主要使用发表的言语数量进行表征。“交互”表现为群组成员对其他成员的言论做出响应，如发表看法，给出支持或者反对的观点。“社会化”主要通过衡量与协作任务本身无关的讨论内容进行表征。“认知”主要侧重衡量学习者的批判性思维，如学习者是否能够询问问题以促进理解，做出推论，形成假设等。“元认知”是指个体成员进行的自我评价或自我调节。

Newman 加大了对群组认知过程分析的深度，认为批判性思维、社会交互及深度学习之间存在着清晰的连接。他基于 Garrison 关于批判性思维的五维框架和 Henri 关于认知技能的五个阶段提出了一个内容分析框架。这个框架定义了协作过程分析中对话的十种分类维度：相关性、重要性、新颖性、引入知识、明确性、关联性、依据事实判断、批判性评价、实用性、全面性。

Gunawardena 根据交互的言语类型将分析框架分为表征知识建构水平的五个层次。该模型基于扎根理论，依据社会建构主义中协同知识建构的发展原则，更多地关注了协作学习中意义协商的过程。这个模型也是最早明确提出的用于异步讨论的模型。该模型由五个阶段组成：共享/比较信息、发现和探索不一致或矛盾的地方、意义协商/重构知识、测试和修正、达成一致/应用新的意义建构。第一个阶段（共享/比较信息）包含观察观点、澄清和识别问题。第二个阶段（发现和探索不一致或矛盾的地方）是指发现和探索思想、概念和声明中不一致或矛盾的地方。第三个阶段（意义协商/重构知识）是指通过协商识别一致的区域，对存在不一致的话题进行新的知识建构。第四个阶段（测试和修正）是指利用已有的认知模式，根据经验和文献对修正后的综合方案进行验证。第五个阶段（达成一致/应用新的意义建构）是指总结达成一致的内容，应用已建构的新知识。后续的许多研究者使用该模型进行了实验研究。

Garrison 等人开发了一个综合框架来探究在线协作学习，这个框架用来分析讨论区脚本的内容。该框架包含了三个元素——社会存在、教学存在、认知存在。每一种存在都定义了分类和指标，并且能够对脚本的编码进行清晰的指导。Zhu 也提出了一个基于认知理论和建构理论的协作学习内容分析框架。在这个框架中，反馈理论、最近发展区及社会协商的重要意义等都被考虑进去。它的总体编码分类包括提问、回答、信息共享、讨论、评论、反馈和脚手架。

其他的一些研究者也从不同的视角进行了协作学习分析模型的构建，如 Bullen、Fahy、Jarvela、Veldhuis、Weinberger 等。

伴随着对协作学习过程研究的不断深入，研究者也尝试从多维度构建协作学习过程的分析框架，试图从更为全面的视角观察协作学习的各个侧面，加深对协作学习过程的内部机制及知识建构的理解。但总体上来说，协作学习多维视角的理论建构与分析仍然是较为薄弱的。

LiYanyan 通过结合已存在的交互分析方法，提出了一个多维的分析框架，从协同知识建构的视角研究协作交互。这个分析框架主要包含三个方面的内容：言语话题、言语意图及社会网络。言语话题主要关注“他们正在讨论什么”，这个视角主要识别参与者在交互过程中提出的话题。话题包含不同的方面，如认知、元认知和情绪等。言语意图主要关注言语行为的目的。社会网络主要关注成员关系及其相互支持度。这个多维的分析框架还从“群组知识建构水平”、“成员贡献”和“成员支持度”三个方面进行指标构建，奠定了评价知识建构水平的基础，是相对全面的一个协作学习分析框架。

Kirschner 提出了一个多维的研究框架，从认知、社会和动机三个方面对协作学习过程进行分析，并考虑了个体、群组及社区不同的分析对象。基于这个框架，可从三个不同的方面讨论协作学习的贡献，为进一步的理论研究奠定了基础。

Häkkinen 提出了一个多层次的模型，分析协作学习的水平和作用。在该模型中，协作学习被分为五个层次，这五个层次分别关注协作学习的不同侧面。第一个层次关注活跃的小组和参与者，以及他们之间的关系，主要的分析单元为课程、群组和个体。第二个层次关注讨论的水平和相互作用是如何同个体和协作学习输入相关的，如在话题上是否考虑周到、新的观点是否被引入讨论中、参与者的概念是否连接到了相关的概念，以及群组成员间的相互作用是如何发生的，分析的单元为群组、个体、消息、短语。第三个层次主要关注个体成绩及群组的成绩。第四个层次主要关注个体层次如何解释群组层次。第五个层次关注协作活动和个体贡献随着时间的推移而发生的演变。这个模型结合了定量和定性的内容分析方法，从一个更为完整的视角分析和发现群组差异。

除了这些较为经典的模型，许多研究者还对不同维度下的单一要素及其对协作学习的影响展开了大量的研究。总体上，这些要素可以被分为交互内容、交互行为、交互关系三个大的方面。

在交互内容上，研究者重点关注协作学习过程中的言语质量。不同的研究者从不同的侧面关注协作学习过程中基于交互内容分析的一些要素和方法。一些研究者直接利用或借鉴经典的分析模型，对协作学习过程中的言语质量进行分析。例如，刘黄玲子在交互分析中分析与主题/任务相关的共享观点时，借鉴了 Newman 提出的内容分析框架，选择了相关性、重要性、新颖性、引入知识、明确性、实用性和全面性七个维度，对中国人民大学网络教育学院网络课程平台中一门课程的共享言论的质量进行了细化分析。余明媚等人采用 Gunawardena 的 IAM 模型，对小学生在线讨论内容的质量进行分析，并对其影响因素进行探索。一些研究者通过对帖子的回复特征、提问类型、评论质量、观点深度或者争论的模式进行编码，对交互言语的内容进行分析，从而识别协作学习过程中对问题的理解及达成的知识建构水平。Michael Baker 等人研究了协作交互内容中包含的争论，并依据争论对问题理解的宽度和深度进行编码，探究学习者在什么时间、以什么形式参与知识建构的过程。Kai 等人通过追踪和分析在协作学习过程中，学习者是更深入地解释问题还是仅呈现问题本身，来考查学习者基于问题的探究水平。Clark 等人根据协作学习过程中学习者的评论信息是否包含了概念来评价交互内容的质量。

Siqin 等人从问题、观点、元认知和参考四个维度，来分析学习者对话内容的质量。Bart Rienties 等人将对话活动分为与任务无关的（计划的、技术性的、社交的、无意识的）和与任务相关的（事实、经验或观点、理论知识、阐述、评估），用以分析学习者在基于问题解决的学习中的知识建构。

还有一些研究者通过利用学习者的反思、对其他协作者的感知、情感动机、管理效率等对交互内容进行分析。例如，Järvenoja 等人对基于项目的初中生在协作活动中的情感和动机进行分析，从五个维度来描述言语内容中的情感表达，从而探究在协作学习过程中学习者如何控制与表达他们的情感和动机。Anna Lee 等人在 Rogat 提出的认知管理过程分类（计划、监控、评估）的基础上，将这些类别又进一步划分为内容计划、任务计划、内容监控、任务监控、内容评估、任务评估，探讨了基于内容的管理对协作质量的影响。严琴琴则将 CS-Wizard 高阶思维认知目标作为交互内容的分析框架，从主题内容、角色扮演、参与者的态度等四个层次共二十四个类别对学习论坛中的发帖质量进行分析。

在交互行为上，研究者重点关注协作学习过程中的对话行为。对交互行为的研究也经历了不同的阶段。在早期阶段，对交互行为的研究还比较笼统，一些研究者试图从互动的角度对交互行为的过程模式进行深入的探讨。这些研究只能从较浅的层次关注协作学习过程的对话序列，而且完全基于手工编码进行分析，因而不易取得明确的研究结果。例如，Harrer 基于言语行为理论提出了一个双层的对话网络来描述交互。在这个对话网络中，第一层是两个人交互的基本行为集，第二层是第一层的合成，也就是一个团队中的交互是由多个交互的基本行为构成的。根据言语行为间的回复关系，Rafaeli 定义了三种类型的交互：单向交互、反应式交互、双向交互。伴随着交互分析的发展，交互行为的研究也更为明确。后期的研究主要关注协作学习过程中话语序列的转换及行为的转换对在线协作学习的影响。Lin 等人探索了问题解决过程中的讨论行为，其研究基于 Anderson 提出的布鲁姆分类法构建行为编码表。Anderson 等人探讨了以讨论为中心和以操作为中心的小组在认知过程中的行为分布及其在行为转换上的差异。Yang 等人调查了在没有教师指导的协作翻译活动中学习者的知识建构行为模式。他们基于交互分析模型设计了知识建构行为的编码表，用以分析不同协作阶段的知识建构行为模式。研究结果为：在不同的协作阶段，学习者知识建构的行为序列呈现不同的特征。Wu 通过对 48 名大学生参与的为期两个月的基于项目的在线讨论活动进行分析，探索了学习者在概念图绘制过程中的行为模式。研究发现，在计划阶段，学习者呈现出更多样的操作行为和讨论行为。

在交互关系上，研究者的研究关注点和研究对象不尽相同，对交互关系的表征也不相同。总体上，研究主要关注由人际关系组成的社会结构对协作学习效果的影响。在研究对象上，一些研究关注在线协作学习中的个体对象的社交关系，另一些研究则关注群组与群组之间的关系。SNA 的一些指标被用来进行对交互关系的定量分析。这些指标包括中心度、中心势、网络密度等。然而，在不同的研究中，由于在线协作学习的环境和任务类型的不同，可能获得不同的研究结果。武汉大学的吴江通过发放问卷获取学习社区中的人际关系数据，并构建出社区参与者的交互网络，探究混合式学习策略驱动下学习者的交互模式的演变过程。Aviv 等人探索了凝聚力在讨论区知识建构中的作用，研究发现凝聚力具有促进或者削弱讨论和反馈的作用，太强的凝聚力会扼杀批评。Yang 等人结合 SNA 和问卷分析群组结构的影响，发现凝聚力和最终的结果积极相关。Zhu 运用 SNA 方法分析四个讨论区中的参与、交互和学习，认为网络由各种不同的成员占据中心位置，比具有更强中心性的网络更能促进协作和知识建构。Tirado 等人的研究使用了一种结合 SNA、内容分析和结构方程模型的方法论，通过实验分析了十个异步学习网络的全局结构特征（凝聚力和中心性）和知识建构水平的关系。

从总体上来看，多维视角的模型构建与分析仍然是不完备和匮乏的。另外，伴随着在线协作学习环境的不断改善，模型也需要在新的场景下进行不断修正和完善，以满足对在线协作学习进行分析的要求。

3.1.2 协作学习分析模型述评

协作学习分析模型是对协作学习的概念抽象，体现了人们对协作学习的再认知过程。目前，已有一些著名的理论分析模型被用于协作学习的研究。这些协作学习分析模型从认知/元认知、知识建构、批判性思维等不同的理论视角，构建了面向制品、情境、交互及知识发展的各种分析框架。这些分析框架通过引入不同的理论来有针对性地关注协作学习的不同侧面，主要涵盖参与者、交互行为、认知和元认知、情感、学习产出、社会支持、话题空间等要素。有些模型重点强调社会交互对协作学习的重要意义，并关注在协作学习过程中与交互相关的参与、情感、交互结构特征（规模、密度、强度）等要素。例如，Fahy 提出的 TAT（Transcript Analysis Tool）模型，Veldhuis 提出的交互—投入分析模型。有些模型强调认知在协作学习过程中的重要作用，关注与认知相关的因素，主要考虑在协作学习中是否提出了新观点、是否明确了问题空间等。例如，Henri 提出的参与—交互—认知—社会化—元认知五维分析模型和 Newman 提出的衡量批判性思维的内容分析方法等。还有一些模型强调对话行为的重要性，重点关注提问、回答、讨论、评论等要素，如 Zhu 构建的异步在线讨论中的交互和知识建构模型。

然而，在协作学习中，群组的知识建构是一个融合多元因素并使之相互作用的过程，仅从单一层面分析协作学习过程存在一定的局限性。通过分析文献发现，当前研究者已经试图将对协作学习过程的分析从低维度扩展至高维度，以构建更加全面的分析模型，进而提升对协作内部机制及知识建构过程的理解。例如，LiYanyan 以知识建构为理论基础，以消息为最小分析单元，从话题空间、话题意图、社会网络三个方面定量分析协作学习过程；Kirschner 基于知识建构理论，从认知、社会和动机三个方面运用内容分析法探究协作学习过程。总体而言，多维视角下的模型构建与分析仍然相对较少。

3.2 在线协作学习分析模型的构建——KBS 模型

3.2.1 KBS 模型的构建

尽管目前已存在众多关于协作学习分析的模型与框架，但纵览现有研究，我们发现系统化与全局化的分析视角尚未引起重视。近年来，伴随着协作学习分析模型相关研究的不断深入与完善，我们发现一些崭新的研究视角受到研究者的重视，其中一个重要的方面是关于协作学习过程中知识加工的研究。知识加工在协作学习过程中扮演了非常重要的角色，具体表现为：知识加工关注协作学习中知识创造和生成的过程，这一过程使得学习者将分散的知识组织为连贯的结构，并且利用已有知识生成新知识。研究表明，对知识加工的测量可以衡量一个群组是否成功地解决了协作问题。另一个重要的方面是关于协作学习中社交关系的研究。已有研究表明，活跃的在线参与是学习者取得成功的关键因素。在在线协作学习中，小组中的个体为了实现小组共同的学习目标而进行有效的交互，成员间的社交关系能够影响知识建构的过程和质量。另外，对协作学习过程中的行为模式进行分析，也是当前 CSCL 研究的重要话题。小组成员通过交互完成的特定目标活动，是由一系列有意图的交互行为组成的。对这些行为的交互序列进行抽象和归纳，可以获得不同的行为模式，而不同的行为模式则反映了协作小组在交互活动中体现出来的协作互动策略。

为了对 CSCL 中的学习分析过程进行全面的刻画，本研究团队在前期研究的基础上，构建了一个多维协作分析模型，用于探讨协作学习中学习者的知识建构情况。这个模型叫 KBS 模型，如图 3-1 所示。该模型包含知识加工（K）、行为模式（B）和社交关系（S）三个分析维度，面向个体、小组、社区三个不同层次的研究对象。

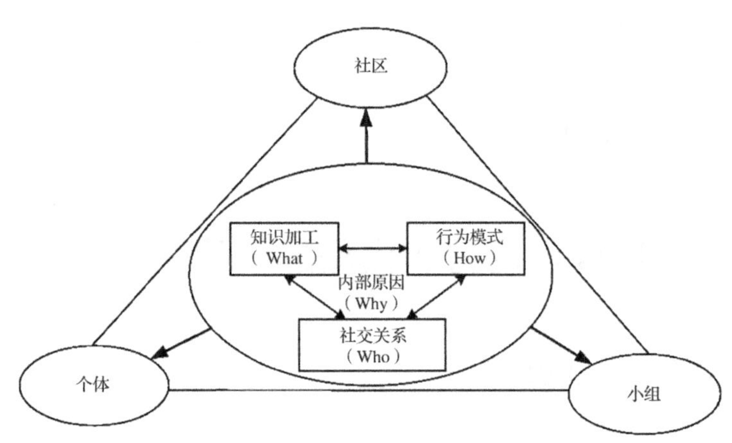

图 3-1　KBS 模型

KBS 模型的内部区域表示该模型的三个分析维度。知识加工主要关注“学习者正在讨论什么”，通过识别在线协作学习中形成的知识结构，聚焦于对学习者如何将分散的知识组织为连贯的结构，以及如何利用已有知识生成新知识的描述。社交关系主要关注“学习者正在与谁讨论”，重点研究学习者之间的交往关系及情感表达，并探索协作小组的交互结构和情感支持对协作学习过程的影响。行为模式主要关注“学习者如何与其他人讨论”，重点挖掘在协作学习过程中协作模式呈现的规律，并利用序列分析探索其变化的规律。总体来说，知识加工反映了问题的解决，社交关系反映了成员间的交互结构，行为模式反映了协作和交互的策略，这是协作学习过程分析的三个重要维度。KBS 模型中的椭圆节点代表了个体、小组和社区三个不同层次的研究对象。根据 Stahl 的研究，认知发生在三个层次上：个体、小组及社区。这些层次之间互相影响，并且这三者应该被视为一个综合且复杂的整体。因此，协作学习分析模型在研究对象上需要涵盖个体、小组及社区这三个不同层次的对象。

KBS 模型中的“内部原因”代表影响在线协作学习的学习者的个体因素，包括个体的认知水平、元认知能力、情感动机、学习策略、技术素养等。已有研究表明，学习者的调节学习能力是影响其在协作学习中的投入和效果的重要因素之一。调节学习是一种有意识的、以目标为导向的元认知活动，在这种活动中，学习者监控并调节他们的认知、情感、动机、行为，以及学习环境的一些特征，以实现最优学习。在协作学习中，学习者不仅要进行自我调节学习，还要参与到社会调节学习中。在自我调节学习中，学习者通过持续使用包括计划、监控、调节和评估等一系列的调节策略，有效地管理自己的学习。社会调节学习是指在小组层面对学习进行规划、监控、调整和评估的过程。在该过程中，小组成员相互调节彼此的元认知、认知和情感，参与真正共享的调节模式。

已有研究表明，自我调节能力强的学习者更善于围绕最终的学习目标，灵活地设置一系列与任务相匹配的子目标，更善于监控自己的学习过程，并及时采取有效的手段激发和维持自己的学习动机，因而更容易实现最初设定的学习目标，取得更好的学习成绩。同时，自我调节能力强的学习者在协作过程中表现得更加积极主动，他们不仅将学习看作教师或者外界分派的任务，还将其看作对自身整体规划的一次达成。这样他们对学习方向和力度的控制就会更加自如，知道为什么而学和如何学习。因此，自我调节能力强的学习者往往自我效能感更好，元认知调节能力也更高。此外，自我调节能力强的学习者会主动地扩展学习范围，主动地寻求同伴和老师等外界人员的帮助，主动对自我学习状态和结果进行实时评估和校正，真正成为学习的主人。自我调节能力强的学习者更加主动地在小组协作中表达自我的态度，这种态度不仅包括对所学的学科知识的态度，还包括对在线课程的看法。他们主动地向小组同伴传递这些正面的态度，从而影响整个小组的协作表现，使小组成员都以一种积极、正面的状态开展协作活动，共同创造理想的协作学习成果。

此外，小组成员的社会调节学习在协作学习过程中起关键作用。Janssen 等发现可以通过社会调节活动来预测团队的绩效，如对团队协作过程的监控和评价等。Rogat 和 Linnenbrink-Garcia 发现学习者对数学的更深层次的理解，与他们包括计划、监控、行为投入的社会调节过程之间存在一定的关系。Järvelä 等的调查研究表明，学习者对社会调节活动的使用与小组完成的作品质量之间存在正相关关系。Su 等的实证研究表明，与低成就组相比，高成就组的学习者在社会调节、评价、内容监控和社会情绪调节等方面有更佳的表现；同时，高成就组的学习者的调节行为更加持续、流畅和多元化，而低成就组的学习者则更多地表现出自我调节行为或对组织行为的简单重复。

在实际的协作活动中，学习者的自我调节学习与他们参与协作过程中的社会调节学习往往交织在一起。Zimmerman 认为，自我调节学习是一个由个人、环境和行为的交互作用决定的复杂系统，自我调节学习不仅由个人的内部因素决定，还会受到外部环境和行为过程的影响，而且三个维度之间相互作用、相互影响，从而导致学习者在不同的学习情境中表现出不同的自我调节水平。

3.2.2 KBS 模型的构成维度

3.2.2.1 知识加工

在 KBS 模型中，知识加工重点关注在线协作学习中交互的言语质量。知识加工通过关注协作群组在讨论过程中形成的领域知识结构的水平与变化，反映了群组在协作问题解决过程中的知识掌握情况。与使用编码表分析言语质量的传统方法不同，知识加工更加关注群组或个人在协作学习中形成的知识结构，以及知识结构的动态变化，聚焦于对交互内容蕴含的领域知识的更进一步的研究，是一种更为微观的交互内容分析维度。同时，在利用自动化分析方法构建知识加工维度的内容时，基于知识结构的测量能够克服使用编码表进行分析具有主观性这一缺陷。

在 KBS 模型中，对知识加工的衡量，可以评价小组或个人的知识结构在深度和广度等方面是否满足了解决任务的要求，对协作者如何将知识组织为连贯的结构，并利用已有知识生成新知识的过程的描述，是一种更为直接和客观的测量方法。知识加工可以对在线协作学习过程中产生的语料进行持续的抽取和测量。这也符合在线协作学习的一个重要观点，即从交互内容中揭示学习者如何组织、重构、相互连接和集成知识，特别是群组如何进行知识探究和知识保留。因此，知识加工促进了研究者对在线协作学习是如何演变的，以及认知过程是如何被建构的理解。同时，知识加工所得到的有价值的信息，可以被作为元认知提供给指导教师，使得监控和评价更为方便。

3.2.2.2　行为模式

行为模式主要将协作学习过程中的交互言行序列进行抽象、归纳和简化，并通过技术方法完成行为交互模式的挖掘，挖掘协作学习小组采用何种互动策略达成协作目标。通过分析这些互动策略与协作结果的关系，比较不同条件下协作交互活动产生的行为模式，有利于把握交互活动开展的基本规律。研究表明，知识建构可以通过采取不同的交互行为和技能得到巩固。因此，对在线协作学习过程中的行为模式的挖掘，可以使研究者更进一步地理解知识建构，同时也可以作为一个重要的参考，帮助教师指导在线协作学习，设计更好的协作教学策略，为教学提供更多理论与实践的支持。

在 KBS 模型中，行为模式重点关注在线协作学习过程中基于问题解决的知识建构的行为类型，用以揭示言语行为的内在机制。在对行为模式的具体分析上，可以使用在线协作学习言语行为编码表，揭示学习者在基于问题解决的协作学习中的行为类型与行为转换方式。言语行为编码表涉及的行为主要是在线协作学习中对协作质量产生较大影响的行为。例如，对证据的使用行为、争论行为、管理行为、情感表达行为、修订观点行为等。在具体应用时，可以通过对整个在线协作学习的过程、不同阶段、高低成就组进行行为转换方式的抽取和差异分析，从而为在线协作学习中多样的行为模式提供更准确的信息，帮助教师更进一步地理解在线协作学习的交互过程，为教学反馈提供改进的依据。

3.2.2.3 社交关系

在 KBS 模型中，社交关系重点关注在在线协作学习过程中，成员呈现了何种交互结构，以及这种交互结构如何影响知识建构的过程和质量。为了找出群组的社交关系的特征，可以利用社会网络分析对协作中的交互特征进行定量分析。社会网络分析提供了表征网络成员关系模型的定量分析方法，可以通过社交网络图直接呈现成员间的关系结构，并通过对应的关系模型对群组结构和个体结构进行定量分析。社会网络分析所特有的密度、中心势、入度中心度、出度中心度等表征网络结构的属性，为描述协作中的交互提供了极大便利，弥补了传统质性分析方法只把关注的焦点集中在情境因素上的缺陷。另外，以往的研究大多侧重对个体学习者之间的关系及个体学习者的网络位置等信息的探究。然而，在在线协作学习中，成员以小组的形式参与讨论。为了理解在线协作学习中的交互性质和类型，研究者更需要关注群体的交互关系。

对 KBS 模型来说，由于面向三个层次的研究对象，因此对不同层次研究对象的社交关系特征的关注视角也不同。研究对象的层次不同，关注的“关系”也不同。对于个体的社交关系，更关注个体与群组其他成员的交互、个体在群组中的位置、个体角色特征的挖掘。在分析时可以利用社会关系网络中表征个体特征的一些指标，如个体中介性、个体中心度等。对于小组的社交关系，需要从整体上观察小组内部的交互关系及其成员整体的参与状态，分析时可以采用密度、凝聚力、核心—边缘结构等能表征整体的指标。在社区研究对象上，由于社区中人数众多，应更关注社区成员是否分为多个小群体，以及小群体与大社区之间、各个小群体之间的交互关系，在分析时可以通过社会网络分析中的凝聚子群，以及基于个体成员交互特征的聚类分析等，探究社区的交互关系特征。

3.2.3 KBS 模型的对象分析

3.2.3.1 个体层次的对象分析

个体在知识加工水平上的表现，能够表达个体在在线协作学习过程中的知识掌握程度。具有较高知识加工水平的学习者，能够在在线协作学习过程中较全面

地学习协作任务涉及的知识，并且能够提供有效的解决思路。对于个体在知识加工维度的表现，研究者需要关注个体知识结构的形成，从个体知识掌握的范围、深度，以及知识结构的变化过程等方面关注个体的言语质量。对于个体在行为模式上的表现，研究者需要关注个体行为的类型及其分布比例，挖掘个体在协作学习过程中的行为特征和规律。对于个体在社交关系中的表现，研究者需要关注个体整体的参与状态、所处位置、所扮演的角色。比如，个体是不是一个活跃的参与者，是否均衡地与其他成员进行交流，是否在协作交互网络中扮演中心人物的角色。

3.2.3.2　小组层次的对象分析

小组层次的对象分析将协作小组作为一个整体看待。在知识加工维度，此分析关注小组在在线协作学习过程中参与的水平及发展变化。此分析通过将各个小组讨论的特定任务的知识结构与教师或专家提供的参考任务的知识结构进行对比，从知识的覆盖度、激活度及均匀度等不同方面分析协作小组在知识加工水平方面的表现和差异。

在行为模式维度，此分析不仅对在线协作问题解决过程中的交互行为进行分类与特征刻画，描述在线协作学习在行为类型上呈现的差异，而且基于群组成员交互的行为序列，探索协作小组在协作知识建构过程中具有的常规行为模式的特征，以及其对知识建构的影响。在具体的分析中，可以通过比较高低协作质量组的行为模式，提炼对协作结果产生较大影响的行为模式的特征。还可以通过分析协作小组在协作开始阶段、展开阶段、总结阶段的行为模式，对不同阶段的行为模式进行比较，探究在协同知识建构过程中行为发展的变化，为探究知识建构过程中的内部机制提供依据。

在社交关系维度，此分析基于群组的整体互动网络结构，从交互的密集性、中心性及均匀性等交互特征进行分析，关注不同交互特征对最终协作质量的影响。因此，在 KBS 模型的小组层次的对象分析中，通过将这些元素明确地反馈给教师，本研究所构建的分析模型能够以更自然和更有效的方式达成对在线协作学习的分析和监控。

3.2.3.3 社区层次的对象分析

KBS 模型中社区层次的对象分析，在知识加工维度，重点关注社区成员的知识分布，并依据知识之间的关系将不同的知识进行聚合，识别社区成员所关注的不同话题。这些话题反映了社区层次在协作学习过程中形成的热点问题，或者在同一话题下形成的不同子话题。在行为模式维度，该分析重点关注从更宏观的视角挖掘大量在线协作下的行为交互规律及其呈现的演变趋势。在社交关系维度，该分析重点关注社区讨论中存在的不同角色，包括助学者、协调者、意见领袖等，这将帮助教师了解成员结构，并依据不同的成员特征提供有针对性的指导。

在具体分析方法上，社区层次的对象分析可以使用基于自然语言处理和文本分析相结合的方法对话题进行识别。研究者通过对社区内的大量发言帖进行整体语义分析，采用基于关键词聚合的方式抽取社区的热点话题，可以帮助教师掌握整体的协作学习状况，了解社区成员的核心观点，也有利于教师对协作学习做出正确的响应。刚进入在线协作社区的新人，可以通过浏览热点话题或者子话题的开展情况，快速地获得学习的关键点。在社区角色的识别上，可以利用个体社交属性的特征值，采用聚类的方法对协作成员进行多指标的群体划分。通过对获得的不同聚类组的特征进行分析，明确社区成员归属的不同群体。将社区划分为几个具有明显特征的细分群体，可以在实际的教学活动中为这些细分群体提供更具体的指导意见，最终提升整体的学习效果和协作效率。另外，聚类分析还能够发现一些孤立的、具有异常值的对象。这种角色识别将为教师进行精细化管理、个性化指导提供依据。

3.2.3.4 不同层次的关系分析

个体层次的关系分析仅关注协作学习中个体成员的表现，因此不能揭示小组协商的过程。小组层次的关系分析虽然可以有效地体现小组协作的水平与过程，以及发生的协作运行机制，但是对协作小组内的运行机制进行解释仍需要依赖个体层次的关系分析。协作学习发生在个体、小组和社区三个不同的层次。在 CSCL 环境下，新知识通过社会性的交流不断地被创造出来，个体作为知识的学习者、使用者和创造者，通过各种小组、社区的互动参与到知识建构的过程中。在这种情境下，从不同的层次对协作学习进行观察与分析，能够从微观、中观、宏观三个视角观察协作学习的产生、交互、演变的过程。例如，对小组层次的研究应关注小组所达成的知识建构水平。而对个体的行为、参与、言语的深入分析，能够更深入地探究在协作学习过程中，个体贡献的差异对小组协作学习效果的影响机制。因此，在协作学习研究中，应该关注如何捕获个体、小组及社区层次上的相互依赖关系。在对 KBS 模型的研究中，研究者应重点关注集体观念和个人观念的相互关系，以及知识建构水平如何通过个体思想和协作努力的相互作用得到提高。

综上所述，KBS 模型中的知识加工关注协作学习过程中的知识水平与知识发展，行为模式关注协作学习过程中交互模式的序列与规律，社交关系用来识别群组成员的交互结构。KBS 模型能够为深入洞察在线协作学习中个体、小组及社区三个不同层次的研究对象的知识建构水平提供分析基础。

3.3 KBS 模型的设计与应用

3.3.1 可视化设计与结果呈现

3.3 节的内容以北京师范大学的 Moodle 远程教育学习平台为依托，以在真实环境下参与分组协作学习的学习者的发帖数为数据来源，从三个维度抽取并设计实时可视化的呈现，帮助教师更好地分析和监控协作学习过程。

在知识加工维度，知识与知识之间的关联是很重要的评估标准。学习者通过对知识的整合和关联形成新的知识结构，从而促进知识加工的进行。因此，能够实时监测学习者学习过程中关键知识点的发展变化，对教师掌握学习者认知的发展、有效监控教学过程具有重要意义。在知识加工的可操作化分析中，主要利用自然语言分词处理技术，采用中科院中文分词系统对协作学习过程中的讨论文本进行关键词切分，识别学习者在协作学习过程中的关键词，并与专家提供的关于协作学习问题的知识概念图谱进行匹配，从小组或学习者的知识结构形成的角度监测学习者在协作学习过程中的认知参与。如图 3-2 所示，知识点的发展变化图从时间维度为教师呈现知识点的发展变化和分布规律，当鼠标悬浮到某个知识点上方时，还可以自动回显该知识点所在的帖子的内容、发帖人及发帖时间。利用该可视化信息，教师可以深入发现小组讨论过程中的信息，如随着时间的推移小组知识点的生成情况、是否有小组出现讨论偏题或停滞的问题、小组是否建立了知识点之间的关系等。这使得认知参与的发展过程更容易被监控。然而，知识加工仅关注协作学习过程中的认知参与情况，对小组的行为交互缺乏明确的指示。认知过程的发展变化受到小组交互行为的影响。因此，研究者可以利用行为模式的可视化呈现，探究在协作知识建构过程中学习者行为交互的策略和规律。

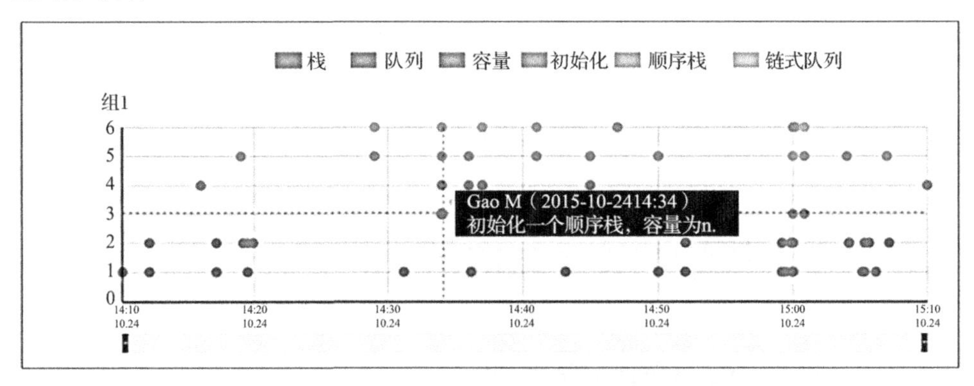

图 3-2　知识点的发展变化图

在行为模式维度，为了更深入地挖掘小组的行为模式对学习者协作学习的影响，研究者基于在线协作学习的特征，先将协作行为分为陈述（C1）、协商（C2）、提问（C3）、管理（C4）、情感交流（C5）五个一级类别，并进一步将一级类别细化为 14 个二级类别（C11：给出观点/方案；C12：进一步解释观点；C13：修订观点/方案；C14：总结观点/方案。C21：同意；C22：同意，给出证据/参考；C23：不同意；C24：不同意，给出证据。C31：提出问题；C32：追问。C41：组织/分配任务；C42：协调管理/提醒。C5 不分。C6 为其他，共计 14 个）。然后将这些类别的编码嵌入 Moodle 平台的发帖区，在学习者提交帖子时可以进行行为分类，从而为分析工具的自动化处理提供支持。最后，经由分析系统采用学习分析中数据挖掘的关联规则方法，可以计算每种行为伴随前一个行为出现的概率及强度，抽取高频发生的行为转换对，最终形成行为序列转换模式。行为序列转换模式的可视化呈现就是行为序列转换图。小组的行为序列转换图如图 3-3

所示。这些行为序列转换图刻画了协作小组在协作互动中的不同行为模式。

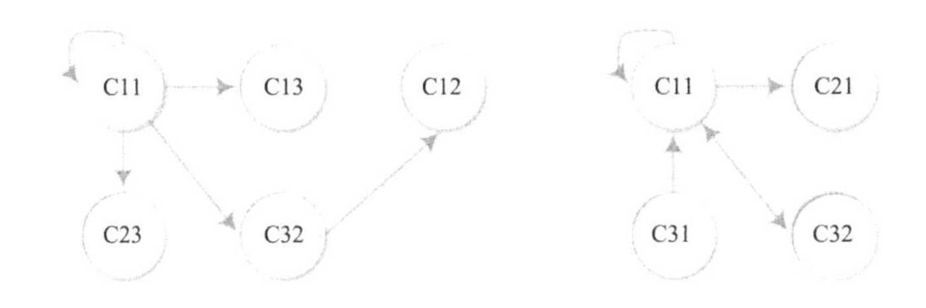

图 3-3　小组的行为序列转换图

在社交关系维度，社会交互的分析将帮助教师更好地理解谁是知识建构对话的核心参与者，并且能够看到交互中是否存在一些不良的社会关系，从而对协作学习的积极性产生影响。小组成员交互关系图（见图 3-4）能够形象地表示互动网络结构的特征，有效地支持教师定性地分析互动网络结构的属性，发现网络中是否存在明显的核心人物、边缘人物和孤立人物。

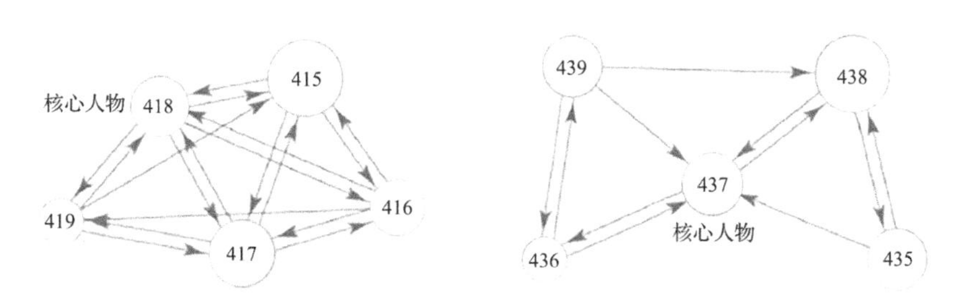

图 3-4　小组成员交互关系图

3.3.2　应用效果讨论

通过对 KBS 模型中三个重要维度的分析及基于工具支持的可视化结果呈现，可以发现利用学习分析技术，克服了原有协作学习过程分析中基于人工编码的主观性弊端，弥补了人工分析费时费力且仅能在协作学习过程完成后分析的不足，能够对协作学习过程提供实时反馈，从而改善协作学习的评价、反馈、感知和适

应性。同时，基于工具分析的可视化呈现，将协作过程生成的数据转化为一种友好的可视化形式，使一些重要的特征、规律、异常值得到了凸显。因此，基于工具分析的可视化呈现作为一个关键的功能，可用来获取研究者对协作学习过程的深入洞察，以及提供监控、反馈和评价等基础支持。其对教师进行教学监控、科研人员进行大规模教学规律的挖掘及过程性评价，都具有重要意义。

3.3.2.1 基于模型的可视化呈现能够提升教师对协作学习过程的感知能力

对教师来说，当多个小组同时在线学习时，在没有工具的帮助下实时监测小组在协作学习过程中出现的问题是很困难的。而通过可视化的信息，教师更容易发现学习中的离题、停滞等问题，从而对学习过程有更深入的理解。如图 3-2 所示，组 1 在讨论时间内，在教师所选的六个知识点上的讨论量较多，并且中间没有偏离主题或停滞的情况。更进一步，当教师将鼠标停留在某个圆点时，工具会自动显示该知识点的细节信息，如哪个学习者在讨论时间内提到了该知识点，以及其学习该知识点的原始文本内容。通过这些信息，教师可以更容易地发现小组在什么时间进行某个问题的讨论，以及小组如何在学习中建立起知识与知识之间的关联，从而促进问题的解决。换言之，呈现知识随时间变化的分布规律，使得传统的知识加工的协作过程变得清晰可见。这将为教师更好地观察协作学习过程提供有力的信息支撑，同时为研究者进行协作学习过程内部机制的探究提供额外的证据。

3.3.2.2 基于模型的可视化呈现能够为探究协作学习规律提供有力支持

在大规模在线教育场景下，利用行为序列模式的可视化呈现，可以灵活地挖掘在线协作学习的行为转换模式，帮助教师更深入地获得小组交互行为的内部规律。从图 3-3 可以看出，在组 1 的协作学习过程中，从 C11→C11 的自循环可以看出各成员能不断地提出自己的观点，对问题进行积极思考，并表达自己的建议。另外，从 C11→C32、C11→C23、C11→C13 的转换可以看出，在组 1 的成员提出观点后，伴随着其他成员的进一步追问、带有证据的质疑和修正完善观点，说明该小组成员对问题能够进行充分的讨论，不断推进任务向前发展。而且，从 C32→C12 的转化可以看出，成员在对观点进行追问后，会得到其他成员更详细的解释，说明该小组的互动性很好。与之相比较，在组 5 的成员提出观点后，其他成员会进行提问（C11→C21），但在提问后并没有给出相应的解释。C31→C11 和 C32→C11 表明该组成员在面对提问或追问时，并没有给出解释或修正观点，而是继续提出新的观点。从后期的基于知识加工的内容分析及交互结构的分析综合来看，组 5 未形成“提问—追问—质疑”的深度交互规律，这与其成员对其他成员提出的观点的注意力的缺乏，以及小组成员的讨论主要通过发布帖子而非对话来完成有关。

利用工具提供的实时行为序列转换的抽取结果，教师或研究者可以进行各种场景下的在线协作学习规律的挖掘。例如，在小组的行为模式方面，可以发现协作小组在协作知识建构过程中常规的行为模式及其对知识建构的影响。同时，可以通过找出高质量组和低质量组呈现的行为模式的异同，探索高质量组在协作学习中的积极影响因素，以及低质量组在协作学习中存在的局限性，从而为设计更好的在线协作活动及教学策略提供有价值的参考。利用可视化工具的实时过程信息，还可以进行不同阶段行为模式的差异比较，通过分析协作小组在协作开始阶段、展开阶段、总结阶段的不同行为模式，探究协同知识建构过程中行为发展的变化，为探索知识建构的内部机制提供依据。

3.3.2.3　基于模型的可视化呈现能够为过程性评价提供全面的证据支撑

完成在线课堂上的协作作业需要大量的参与和贡献，这使得教师的监控和评价变得耗时、乏味和容易出错。对教师来说，几乎不可能手动梳理学习主题中成百上千的贡献，以及这些贡献之间的关系。直接的后果就是，大多数的在线学习环境使用了发帖量、阅读数、创建主题数及平均发言长度等简单评测指标。这些评测指标在捕获在线协作学习的动态性方面是非常有用的，却忽视了需要持续考虑知识建构过程的本质特征，对小组进行过程性评价没有起到作用。因此，KBS 模型的三个维度互为补充和相互解释的关系，将帮助教师从认知参与、交互行为及社交关系等多个方面全面评价小组的协作学习过程。如图 3-4 所示，组 1 的成员间几乎都有双向箭头，说明组 1 的成员彼此能建立双向的交流，互动程度较高。

而组 5 的成员间的交互是很弱的，如果将核心人物去掉，组 5 的网络结构就会直接变为单线结构，说明组 5 的互动网络是完全依靠某个具有较大影响力的成员，而非成员的均衡参与建立的。但是单纯地依靠小组成员的社交关系并不能深入揭示有效协作发生的内部机制，需要结合行为转换序列来增进对更好的交互行为模式的理解。观察图 3-3 中组 5 的行为序列转换图，可以发现组 5 在行为的交互模式上主要体现了提问或追问的行为策略，而没有在问题解决的过程中展现出更多的争论。更进一步，从鼠标定位知识点所回显的内容来进行更深层次的考查，可以看到组 5 在发言内容上缺乏足够的动机来解释观点或讨论其他可选的方案，而更倾向于寻求最终帮助，如直接告知答案。也就是说，进一步结合知识加工维度对内容进行分析，可以加深对在线协作学习微观层面的理解，探究社交网络结构对知识建构的影响，从而从多元的维度挖掘影响协作学习效果的内部因素，为过程性评价提供更多有力的证据。

第 4 章

在线协作学习分析工具的设计与实现

近年来，随着在线学习的飞速发展，海量、丰富、异构的学习数据急剧增多，如何有效地利用这些数据，引起了学界的广泛关注。学习分析技术应运而生，并成为研究热点。同时，对可视化学习分析工具的研究快速发展，业界人士开始关注可视化学习分析工具的设计与应用。第 4 章聚焦在线协作学习分析工具的设计与实现，包括学习支持工具的设计和教学支持工具的设计，同时通过实证研究来验证这些工具在实际教学中的应用效果。

4.1 可视化学习分析工具的比较分析

可视化学习分析工具，又称为“学习仪表盘”，是“对学习者的在线学习行为进行精准追踪，记录并整合大量个体的学习信息和学习情境信息，按照使用者的需求进行数据分析，最终以数字和图表等可视化形式呈现信息的学习支持工具”，在学习分析过程中具有重要作用。张振虹等通过对可视化学习分析工具的梳理，总结了可视化学习分析工具的应用现状、功能特点与本质属性，并提出了集成化、高效性和动态性等发展趋势。姜强等基于 Few 仪表盘可视化设计原则和 Kirkpatrick 四层评价模型，设计了可视化学习分析工具的概念框架，并采用相关工具进行了验证。

4.1 节从多个角度对可视化学习分析工具进行了分类，并从面向对象、可视化呈现方式、功能特点等维度详细比较、讨论了 12 种面向学习者和教师的可视化学习分析工具，旨在为学习分析提供相应的技术支持，如表 4-1 所示。

表 4-1　面向学习者和教师的可视化学习分析工具的比较

工具名称	面向对象	可视化呈现方式	功能特点
GAW	学习者	时间线图	追踪学习者 ID，记录每一个学习者的活动，将学习者在平台上的时长显示出来
PT	学习者	散点图、社会关系网图	关注每个学习者对小组合作的贡献度，实时更新学习者的表现
Radar	学习者	雷达图	将学习者对小组成员社交行为的评价结果显示出来，帮助学习者对自己的学习过程进行反思
Narcissus	学习者	树状图	跟踪学习者之间的社会交互和文档使用情况，帮助学习者发现小组成员的贡献率
Desire2Learn	教师	柱状图、社会关系网图	通过分析学习者的学习时间与社会交互等情况，辨别学业预警的学习者，并进行跟踪干预
SNAPP	教师	社会关系网图	将学习者在讨论社区中的参与情况可视化，帮助教师了解学习者在论坛中的交互情况
Student Success System	教师	柱状图、饼状图	对学习者的任务完成情况、参与度和社交情况进行分析，可以完成学习者学习情况的多维呈现与预测
LOCO-Analyst	教师	图表格式	跟踪学习者的学习轨迹，主要对学习者的社交网络特征进行分析
Kehan Academy	教师/学习者	知识网络图	采用“任务进度”的方式，将学习者的数学课程的知识进展可视化表达出来
Knewton	教师/学习者	知识图谱	对学习者与教师、学习内容等不同对象交互的数据进行分析，对学习者的知识水平、学习状态和熟练程度进行实时推断与呈现
SAM	教师/学习者	折线图、饼状图、标签云	将学习者花费在学习活动和资源使用上的时间可视化，帮助学习者反思并发现潜在问题
StepUp	教师/学习者	条形图、饼状图	提供更多社交互动信息，让学习者有机会反思他们的活动，看到其他人在社区中的表现

通过对表 4-1 中的工具进行分析可知，当前面向教师的可视化学习分析工具的主要功能是，对学习者的学习活动、成绩信息与社交关系进行统计和呈现，为教师提供教学参考、学习者学习情况预测等支持。例如，基于 LOCO（Learning

Object Context Ontologies）框架，LOCO-Analyst 从小组和个体两个层次对网络学习环境下学习者的网络结构与社交特征进行了分析。Student Success System 通过对学习者的任务完成情况、参与度和社交情况进行分析，可以完成对学习者学习情况的多维呈现与预测。此外，当前可视化学习分析工具面向的对象主要为教师与学习者。近年来，可视化学习分析工具面向的对象趋于融合，这些工具既可以给学习者使用，也可以给教师使用。

面向学习者的可视化学习分析工具对学习者的学习过程提供反馈，以帮助学习者更好地完成学习。目前，面向 CSCL 的可视化学习分析工具主要提供三类信息：同伴的知识和技能信息、小组成员的行为活动和小组成员的交互情况。这与 Bodemer 所提出的群体感知信息的分类一致，即认知感知信息、行为感知信息、社会感知信息。在认知感知信息方面，可视化学习分析工具主要关注小组成员的知识水平，如表 4-1 中的 Narcissus 等工具可以通过树状图等可视化图表让学习者了解自己的知识进度及知识水平。学习者通过可视化学习分析工具提供的认知信息，可以发现自己在知识构成上与成员的差异，在遇到困难时向对该部分知识掌握更好的同伴求助。在行为感知信息方面，可视化学习分析工具主要关注学习者在 CSCL 环境中的活动，如表 4-1 中的 GAW 提供学习者及同伴间的学习进度与表现等行为感知信息，不仅能够反映学习者的学习过程，还能够帮助学习者预测小组成员的行为模式。在社会感知信息方面，可视化学习分析工具主要关注学习者对小组运作的感知，如 PT 等工具通过社会关系网图呈现学习者与小组其他成员的交互行为模式。

面向教师的可视化学习分析工具，主要对学习者的学习过程、学习表现及参与情况进行反馈，以帮助教师实时了解和监督学习者的学习状况，及时发现学习者存在的问题并给予干预。教师主要扮演监督者、指导者和支持者等角色，为了更好地完成教学任务，其对学习过程的及时、有效了解十分必要。既面向教师又面向学习者的可视化学习分析工具，提供的可视化信息较为丰富。例如，SAM 通过对学习者的学习时间进行可视化分析，可以为教师提供学习者的学习状态等信息。另外，随着可视化技术的成熟及用户数据规模、群体的扩大，在一些综合平台上，更加复杂和多维的可视化学习分析工具不断涌现。例如，可汗学院（Kehan Academy）于 2013 年推出了数学课程的可视化学习分析工具。该工具采用“任务进度”的方式，将学习者的知识进展可视化表达出来。该工具可以支持整个学习和教学过程。牛顿平台（Knewton）通过对学习者与教师、学习内容等不同对象交互的数据进行分析，可以产生多种图表，对学习者的知识水平、学习状态和熟练程度进行实时推断与呈现。

综上所述，当前对可视化学习分析工具的研究已经从理念倡导阶段进入应用实施阶段，但存在以下几点不足。第一，数据来源单一，缺少过程性数据。现有可视化学习分析工具主要分析学习者的日志信息（如学习时间、文档与工具使用等）、社交信息（如交互次数、交互对象等）、学习产出（如测试成绩、上传资源等）三类信息，缺少对学习者在学习过程中产生的对话、讨论等文本信息和行为信息的分析与可视化呈现，不能满足教师的使用需求。第二，分析深度与粒度不足，缺少多维数据的呈现。现有可视化学习分析工具主要对学习者的浅层信息进行简单统计，没有采用聚类、分类或者文本分析等更加深入的数据挖掘方法，难以深入反映学习者的学习行为。第三，缺乏设计学理论支持，实证研究不足。当前可视化学习分析工具的设计主要从教育领域的需求出发，缺少相关设计学和信息可视化方面的理论支持。在工具验证方面，研究者多采用问卷方式进行简单的“易用性”和“技术接受度”调查，缺乏深入探讨工具影响的实证研究。

4.2 学习支持工具的设计与应用

Carroll、Neale 等人发现在协作学习过程中，学习者获得同伴关于任务的知识、社交和行为等信息，可以克服与小组成员的沟通障碍，而这些信息被称为群体感知信息。在在线协作学习过程中让学习者感知到同伴的存在，可以调动其发言交流的积极性。大数据和学习分析技术的不断发展，使得给在线协作学习者提供更多的感知信息成为可能。在感知工具的支持下，学习者获得所需信息更加便捷、容易，也能更好地参与到相关的协作任务中。但是，在已有的学习支持工具中，大多数主要对在线协作学习的结果进行监督与评估，忽略了对在线协作学习过程的支持。因此，学习支持工具应该从支持协作学习过程出发，基于群体感知理论，呈现给学习者任务进度和同伴的状态，从而改善其学习效果。

4.2.1　学习支持工具的理论基础

4.2.1.1　感知与群体感知

感知（Awareness），国内也有学者将其称为“觉知”“意识”，它是了解周围环境的第一步，是一切行为的开始，是指导行为的基础。一般来说，我们可以将其看作一种心理现象，但在具体的研究领域中，“感知”一词被赋予了不同的内涵。早在 1983 年，感知就出现在计算机支持的协同工作（CSCW）中。日本学者提出的完整的小组协作学习协调过程包括五个层次（在场、感知、交流、合作、协调）。参与者在共享知识空间的前提下，察觉彼此之间进行的活动，这个过程就是感知。参与者根据这些信息进行交流合作，最终经过协调完成任务并达成目标。

“群体感知”（Group Awareness）比“感知”的适用范围更小，限定在一个小组中，即学习者感知同一小组内其他成员的信息，如他们正在做什么、他们的进度如何等。国外学者 Bodemer 等将群体感知信息分为三种类型，分别是认知感知信息、行为感知信息、社会感知信息，如表 4-2 所示。其中，认知感知信息关系到小组成员的知识建构，提供关于自身和小组成员的评估知识的信息，如小组成员的知识结构、知识发展线索、知识贡献度等。行为感知信息是指小组成员在完成任务过程中所进行的活动，如成员为解决协作问题做出的贡献、在协作中担任什么角色等。社会感知信息是指成员在活动中感知到的其他成员的信息，如谁与谁交互最多、谁一直没有发言等。为小组成员提供社会感知信息，可以使该小组成为一个更好的学习共同体，提升小组完成任务的合作性、友好性。

表 4-2　群体感知信息的三种类型

类　型	含义
认知感知信息	主要关注小组成员的知识建构，如了解成员已掌握的知识情况、可以贡献的知识类型
行为感知信息	主要关注小组成员的活动，如成员为解决协作问题做出的贡献、在协作中担任什么角色等
社会感知信息	对小组如何运作的感知，提供小组成员彼此之间的交互情况，可视化小组成员的交互，如提供小组成员的个人照片和位置等

4.2.1.2 CSCL 中的群体感知

当 CSCL 中引入“群体感知”的概念时，研究的焦点就从面对面的合作交流信息转移到了以网络平台为媒介的协作过程信息上。在 CSCL 的相关研究中，“群体感知”一词通常指群体成员对小组如何运作的了解，如小组成员是否在线、谁是小组讨论中的积极参与者，以及当前任务的完成情况等。CSCL 中的群体感知就是通过技术的支持，为小组成员提供关于同伴的知识、社交、行为等方面的信息，使小组成员之间彼此感知，从而促进小组成员之间的整体交互，改善学习效果。CSCL 中协作问题的解决与小组中每个成员都有密切联系，小组成员只有在互相理解的基础之上进行有效的知识与情感的交流互动，才有可能顺利解决协作问题。在面对面交互的现实环境中，这些信息通常是直接获取并可用的；然而，在以计算机为媒介的 CSCL 环境中，提供群体感知信息依赖于学习分析工具的支持。

通过梳理相关研究发现，在协作学习过程中，提供群体感知信息的优势有以下三个。第一，CSCL 可以被描述为意义和理解的联合协商，小组中的学习者在建构知识时需要关于讨论过程中上下文的线索，而群体感知信息可以告诉学习者不同成员的观点，学习者可以使用这些信息来确定其下一步的活动，以便开展有意义的协作。第二，在协作过程中，提供群体感知信息可以提高学习者对社交的感知度，学习者之间交互的主要部分是在他们的讨论中形成的，群体感知信息能使学习者更了解自身与其他成员的交互状况。例如，在协作学习过程中提供小组成员的发帖量、交互关系的信息，能减少由少数学习者主导的霸权行为，同时也提醒那些不积极的学习者积极发言，促进任务的完成。第三，群体感知信息的提供为在 CSCL 环境中开展协作学习提供了新的可能性。一方面，不少学者认为在 CSCL 环境中应该培养学习者的自主性，然而，已有研究发现，目前在小组协作中往往缺乏良好的互动结构，导致学习效果不好。另一方面，在 CSCL 环境中分工明确的合作结构（如通过脚本合作）往往会受到批评，因为它们可能会干扰探索策略，从而导致学习者的应答式反应。给学习者提供群体感知信息正处于两个极端的中间地带，群体感知信息的提供能使学习者在自主学习之余，密切了解小组其他成员的任务进度。

4.2.2　学习支持工具的设计

获取群体感知信息是在线学习环境中不同成员开展协作学习的关键。到目前为止，国内关于在 CSCL 学习分析工具中引入群体感知信息的尝试很少，大多数研究关注对学习者行为的反馈，或者不向学习者提供反馈而向教师提供反馈。基于此，笔者设计了一个面向学习者提供群体感知信息的学习分析工具，以期改善 CSCL 中的学习效果。为了更好地体现提供群体感知信息的学习分析工具的功能，笔者依据 Jürgen 等提出的未来群体感知信息分析工具的发展趋势，提炼了该工具在设计时需要遵循的设计原则。

4.2.2.1　多种分析方法挖掘，完善感知信息

学习者在在线协作学习过程中产生了大量的数据，如何将有用的数据挖掘出来，是设计基于群体感知信息的学习分析工具需要考虑的首要问题。在当前的研究中，大多数的学习分析工具提供以统计数据为主的浅层信息，如展示概念使用的频次、登录频次、活动参与时间等，还不能对协作学习过程中的言语内容进行更深入的展示，缺乏对学习过程数据更为深入的挖掘和分析，如监测学习者的对话行为、了解学习者的知识掌握轨迹、挖掘学习者的行为模式。因此，笔者设计的学习分析工具主要跟踪学习者在在线协作学习过程中产生的交互文本数据，引入内容分析法、社会网络分析法、序列分析法等多种方法对这些数据进行挖掘和分析，运用自动化的计算方法对在线协作学习过程进行实时分析和监控，全面覆盖群体感知信息中的认知感知信息、行为感知信息、社会感知信息，对协作过程进行有效的监督、评估与反馈。

4.2.2.2　可视化呈现信息，促进学习者感知

要让学习者快速感知到信息，选择合适的呈现数据的方式尤为重要。由于可视化是一种将复杂的协作过程信息解释得更清楚的有效方法，因此当前的学习分析工具大多数采用可视化的方式进行呈现，它能帮助学习者更深入地理解分析结果。在对学习者呈现感知信息时，需要结合感知信息的呈现目的选择相适应的数

据呈现形式。例如，在呈现其他成员关于学习的行为策略时，用饼图表示不同行为在该成员总体行为中所占的比例会比较直观；在呈现小组成员之间的社交情况时，采用 SNA 图能更直观地展现小组成员之间的交互情况；在呈现每个成员的知识点覆盖情况时，采用雷达图更能展现各自对完成该协作任务的知识贡献度。当前大多数的学习分析工具常用饼图、直方图、曲线图、柱状图等最基本的统计图来表达比例结构、变动趋势等信息，这些传统的统计图只能呈现基本的数据信息。本研究将雷达图和 SNA 图呈现给学习者，采用多种图形呈现小组成员在协作过程中的感知信息，方便学习者进行查看与理解。

4.2.2.3 允许选择性查看，减少认知负荷

信息爆炸时代的来临，使得工具的开发者在设计工具时，尤为关注大量的感知信息可能给学习者造成信息干扰与过载等问题。目前，学习分析工具的设计多采用动态更新的自动化方式，学习者可以随时查看其协作学习过程，如 Bodemer 采用的协作集成工具为学习者提供了正在进行活动的实时感知信息。相比定时更新、及时更新，动态显示的好处在于它能为学习者提供最新的信息，辅助协作过程的展开，使学习者能根据当下的分析结果立即微调活动。笔者采用自动化分析方法，实时分析在线协作过程，对群体感知信息的呈现不是强制性的，学习者可以自主选择是否查看，以减少认知负荷。

4.2.3 学习支持工具的功能与实现

基于 KBS 模型及其设计原则，面向学习者的学习分析工具分为三部分，分别给小组成员提供三类群体感知信息：知识加工（认知感知信息）、行为模式（行为感知信息）和社交关系（社会感知信息）。

知识加工维度关注在协作学习过程中知识生成和知识建构的过程，这个过程由三个部分组成。其中，讨论话题主要关注小组成员在协作学习过程中的讨论内容是否离题，以及当前的讨论内容是否以关键词的形式出现；知识水平反映当前小组成员是否达到了教师预设的知识水平，方便小组成员确定下一步的协作方向，主要由知识覆盖度和知识激活度组成；知识进展可被用来评价当前小组成员推进

话题的贡献值，即对成员首次提到某一知识点的统计。

行为模式维度将讨论过程的交互言行序列进行抽象、归纳和简化，提供学习者在该过程中的行为模式。行为模式分为一级行为模式和二级行为模式。一级行为模式主要包括陈述、协商、提问、管理、情感五种行为。学习者通过学习一级行为模式可以知道小组成员中每个人的角色定位，如管理行为多的人可能是小组中的领导者，提问和协商行为占多数的成员往往对问题的解决具有推动作用。为了更精确地刻画学习者在协作学习过程中的行为状态，二级行为模式对一级行为模式进行了细化。例如，把一级行为模式中的陈述细化为给出观点/方案、进一步解释观点/方案、修订观点/方案、总结观点/方案四个二级行为模式，以便进一步查看在小组协作中哪位成员具有更高的贡献度、哪位成员存在“划水”现象。

社交关系维度主要反映在线协作学习中学习者之间的交往关系与交互结构，由两部分组成，分别是发帖量和交互关系。其中，发帖量主要由在线协作学习过程中每位小组成员发言的条数及发帖时间构成，能够较为直观地反映学习者的学习积极性。交互关系是指在线协作学习过程中小组成员之间彼此发帖回复的关系，一般用社会网络分析方法对其进行呈现。

4.2.3.1　知识加工的功能实现

在知识加工维度，该工具主要为学习者提供个人讨论话题、知识点覆盖、知识点激活及知识进展（新颖性）等方面的分析和可视化结果。其中，个人讨论话题以可视化的形式为学习者提供讨论内容是否离题的信息；知识点覆盖为学习者提供小组在协作学习过程中对知识点的覆盖程度的信息；知识点激活能够实时呈现学习者对核心知识点提及的频次；知识进展采用时间序列分析方法，呈现小组在协作学习中提及的关键知识点的发展过程。知识加工维度的数据分析与计算，以专家提前划定和总结的知识图谱为基准，将学习者的讨论内容与这些知识点进行对比，从而生成各类可视化图表。

以该专题活动中某一小组的协作过程为例，小组成员可以通过知识加工获得协作学习过程中的认知感知信息。个人讨论话题图（见图 4-1）中的黑色部分代表含有教师设定的知识点的帖子数量，灰色部分代表不含教师设定的知识点的帖子数量。学习者通过查看该图，可以发现在当前小组中，五人有离题现象。知识点覆盖图（见图 4-2）反映了小组中每一个成员掌握知识点的程度。我们可以发现四位小组成员处于低知识水平状态，只有一位小组成员处于中等知识水平状态，贡献了小组讨论中 47.62%的知识点。知识点激活图（见图 4-3）以热图方式呈现，横轴代表需要讨论的知识点，纵轴代表小组不同成员，图中颜色越浅的方格代表该小组成员在这些知识点上重复讨论的次数越多，而颜色越深的方格代表小组成员在这些知识点上讨论的次数越少。可以看到，讨论可能正处于初始阶段，小组讨论中涉及的知识点较少，处于深色状态的方格较多。知识新颖性图（见图 4-4）中不同的线条代表小组中的不同成员，通过查看该图，我们可以知道小组成员引入知识点的数量，在 14:10 小组成员首次引入知识点的数量增长较快。

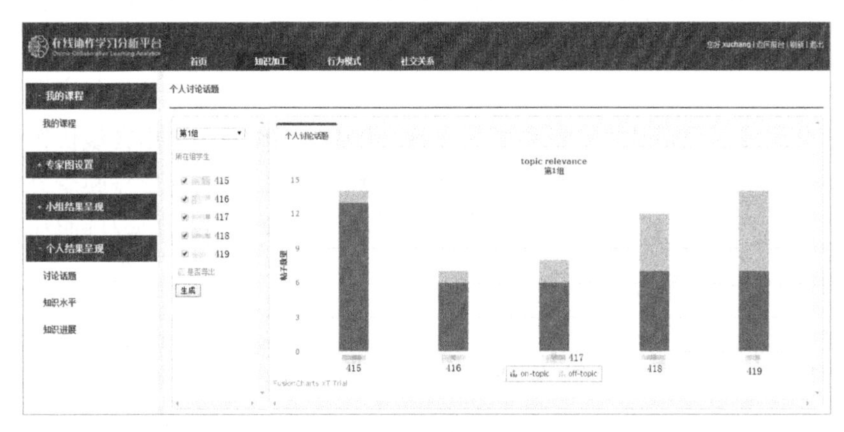

图 4-1　个人讨论话题图

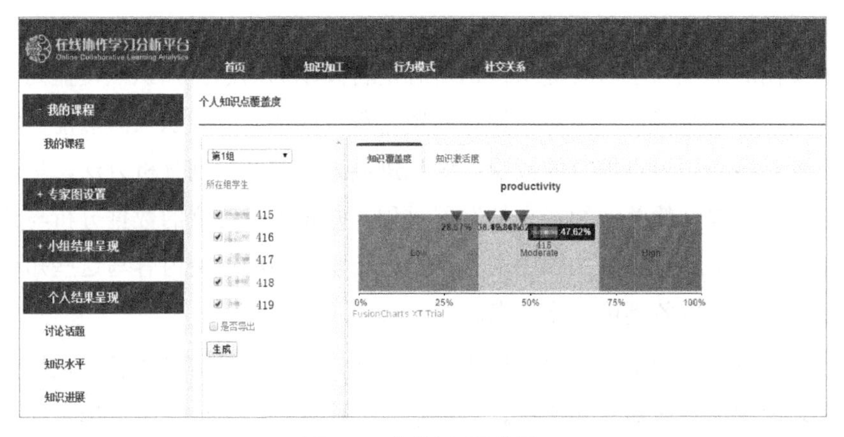

图 4-2　知识点覆盖图

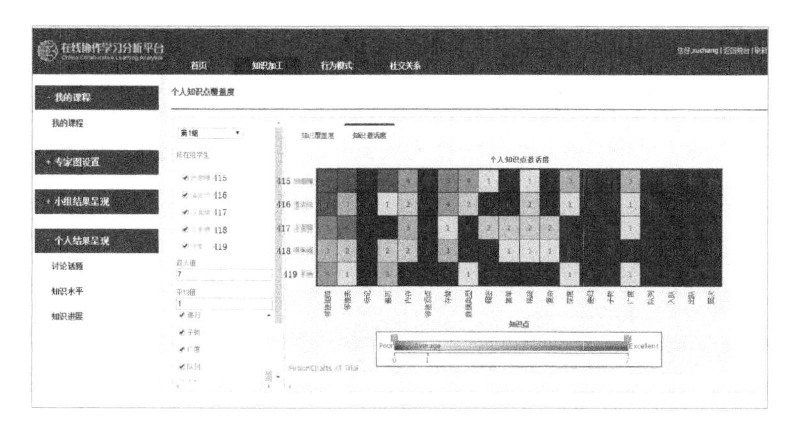

图 4-3　知识点激活图

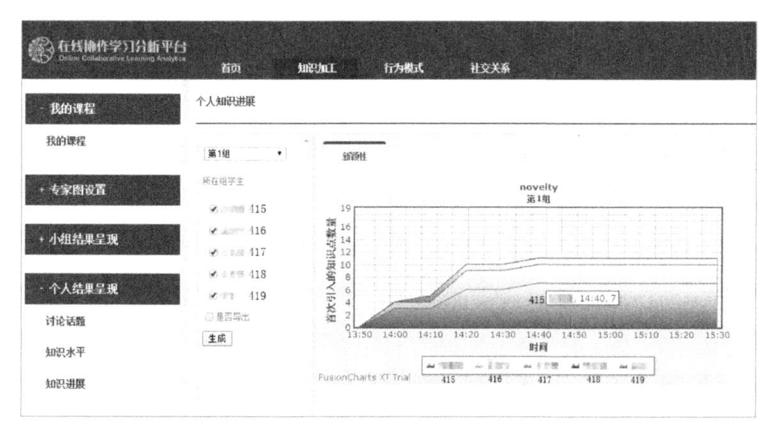

图 4-4　知识新颖性图

4.2.3.2　行为模式的功能实现

在行为模式维度，该工具主要为学习者提供协作学习过程中的行为感知信息，关注学习者如何通过群体感知信息，促进与他人的讨论，利用序列分析重点挖掘协作学习过程中行为模式的规律。行为分布模式使用内容分析法对协作内容进行编码，生成一级行为模式和二级行为模式的发生频次，并进行分布比例计算，最终使用饼图进行呈现，使学习者更为清楚地知道不同行为在协作活动中所占的比例。

以某一小组的讨论过程为例，从一级行为模式图（见图 4-5）可知，该小组的五位成员在此次讨论中最多的行为是陈述，其次是协商和提问。此外，在此次讨

论中没有人涉及管理行为，说明该小组成员中没有人担任领导职位。这值得引起学习者的注意，可以预测在接下来的讨论中，可能会有小组成员出现管理行为。二级行为模式图（见图4-6）将一级行为模式中的不同行为细分，进一步给学习者提供小组成员的行为感知信息。

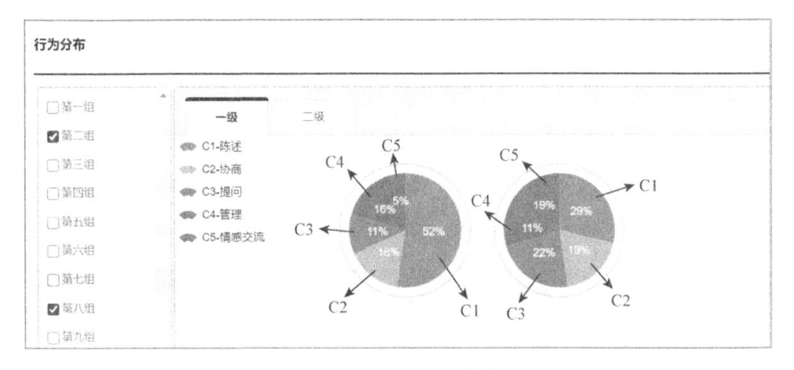

图4-5 一级行为模式图

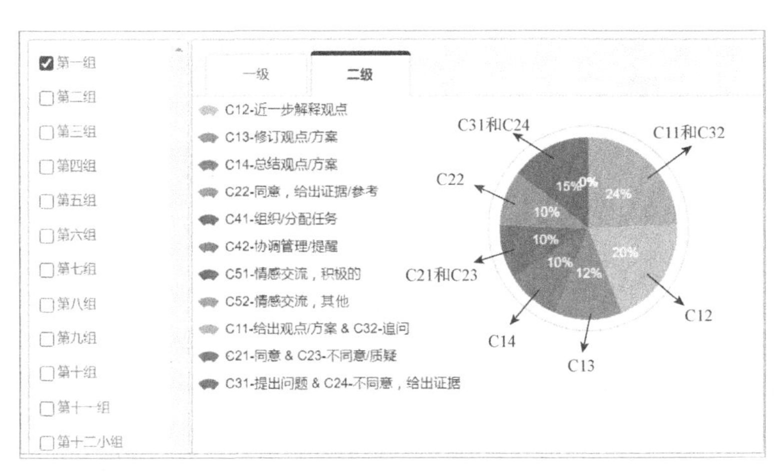

图4-6 二级行为模式图

4.2.3.3 社交关系的功能实现

社交关系维度提供社会感知信息，主要对协作学习中成员的发帖量及交互关系等方面的数据进行分析。社交关系的呈现需要从系统中提取出学习者的发帖量、在线时间等过程性数据进行计算，并最终用可视化图表表示出来。发帖量图为学习者呈现了当前的发帖数量及其所占发帖比，交往关系图反映了学习者个体是否

能跟组内每位成员进行较均衡的交互，发帖时间图记录了发帖量随时间变化的情况。

以某一小组的讨论过程为例，通过查看发帖量图（见图 4-7）可知，该组 5 人共计发帖 64 条，不同部分代表不同小组成员的发帖数量。在交互关系图（见图 4-8）中，可以发现小组成员陈某与其他各个成员都有双向交互行为，而其余四位成员的交互情况较差，没有形成双向交互。此外，学习者可以查看发帖时间图（见图 4-9）了解小组成员在哪个时间段的活跃度最高，发帖数量最多。

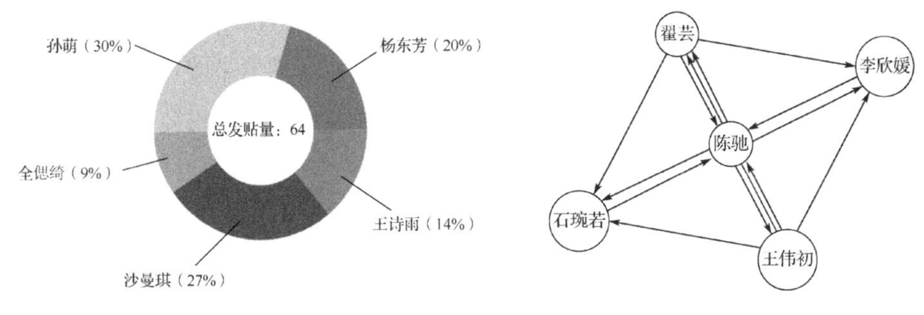

图 4-7　发帖量图　　　图 4-8　交互关系图

图 4-9　发帖时间图

4.3 教学支持工具的设计与应用

4.3.1 教学支持工具的理论基础

目前，国际上已经开展了一些关于教学支持工具的设计与应用研究，但这些

研究注重技术实现，缺乏相关可视化理论及教育理论的支持。与此同时，国内对可视化学习分析工具的研究还处于起步阶段，尚未对教学支持工具进行深入探讨。为解决现有研究问题，笔者根据 KBS 模型和现有的可视化学习分析工具，梳理了信息可视化理论、认知心理学理论，并设计出教学支持工具。

4.3.1.1 信息可视化理论

信息可视化是指采用计算机技术支持的、交互性的方法，对具有几何属性和空间特征的抽象数据进行可视化表示，以增强人们对抽象信息的认知。随着大数据时代的到来，数据量的几何式增长与数据挖掘方法的进步，虽然使得信息可视化的呈现内容丰富多元，但也造成了“信息过载”。为了更好地呈现可视化信息，让用户能够快速理解可视化信息，在进行信息可视化设计时，应根据不同的信息类型设计不同的可视化方案。Few 等提出了可视化设计的基本特征和原则，指出一个好的可视化设计应该能够让使用者快速理解数据与其期望目标的相关性，并从中分析出结论，以指导下一步的计划或动作。

4.3.1.2 认知心理学理论

用户是进行可视化处理的主体，可视化信息离不开用户的感知和理解。因此信息可视化设计需要关注用户是如何感知和理解信息的。当前，在认知心理学的研究中，格式塔理论、双重编码理论和认知负荷理论对用户感知可视化信息的过程进行了解释。

格式塔理论是早期的认知心理学理论之一，其在可视化领域以“完型理论”受到关注。该理论认为，视觉形象首先作为统一的整体被认知，而后才以部分的形式被认知，人们在进行观察的时候，倾向于将视觉感知内容理解为常规的、简单的、相连的、对称的或有序的结构。

双重编码理论由 Paivio 于 1986 年提出。其核心思想是人类的认知能够同时对语言与非语言两个方面的信息进行处理，两个方面的信息加工过程对人类认知是同等重要的。双重编码理论表明，将数据、知识通过可视化的方式进行表征，可以增强人们的非语言通道对信息的理解，提升信息加工的效率和质量。

认知负荷理论是在工作记忆的基础上，由 John Sweller 基于有限资源理论和图示理论提出的。认知负荷是指在一定的时间内，任务施加于个体认知系统的心理活动的总和。认知负荷理论认为，减少图形信息的冗余，将标签、指导语放在其所指代物体的旁边，避免过多地呈现不同类型的信息，以及提供结构化图形等方式，有助于促进用户对相关信息进行深层次加工，减少认知负荷。

4.3.2　教学支持工具的设计

信息可视化理论与认知心理学理论为可视化学习分析工具的设计提供了坚实的理论和实践基础。在此基础上，国内外研究者从学习分析的角度，对可视化学习分析工具的设计进行了研究。Dyckhoff 等在开发教学支持工具 eLAT 时提出有用性、易用性、扩展性、互操作性、复用性、实时性和安全性七个设计原则。牟智佳等通过对中学教师和学习者的调查，提出了可视化学习分析工具应该具备学习任务监控、学习过程评价和学习结果展示等功能。杨兵等以英语在线学习平台为例，针对在线数据可视化提出了理解力等五个评价标准与个性化等五个设计原则。结合在线协作学习中教师的角色定位、相关的理论基础及实践经验，笔者认为在在线协作学习中，教学支持工具的设计应遵循以下四个原则。

4.3.2.1　用户中心原则

教师是教学支持工具的目标用户，教学支持工具的设计是为了支持教师在在线协作学习中实时了解学习者的学习状态，并提供教学干预。因此，在设计教学支持工具时，研究者应当充分考虑教师的实际使用需求和习惯。比如，根据教师的课程内容提供不同的分析维度，为教师提供有效的教学建议，允许教师根据个人习惯进行个性化设置等。

4.3.2.2　丰富性原则

研究表明，为教师提供多维的分析结果可以更好地帮助他们进行教学干预与指导。对在线协作学习的分析可以从知识建构、行为模式和社交关系等多个维度进行。在这些维度上，应该同时提供多方面的数据展现方式，使得教师能够从个人、小组、班级等不同角度对学习者的学习情况以及小组的协作情况进行全面的了解。

4.3.2.3 简约性原则

格式塔理论和认知负荷理论均认为，视觉形象的呈现需要简单、精练，这样才能让用户快速地把握整体的数据内容。同时，简约的图像表达有利于教师把握核心信息，减少辨认图表的认知努力和无关信息的干扰，从而减少认知负荷，提升使用效率。

4.3.2.4 实时性原则

传统的在线协作学习分析方法难以直接应用于教学，其中无法实时反馈是主要原因之一。数据的实时性和高效性是保证教师正确了解快速变化的课堂情况、做出正确诊断干预的基础。为了更好地推进协作学习，教师需要了解学习者在课堂中遇到的问题和学习进展，同时对其干预的效果进行判断。这就要求教学支持工具在整个协作学习过程中都可以实时反馈给教师最新的信息，以更好地支持教师教学。

4.3.3 教学支持工具的功能模型

基于教学支持工具的设计原则，结合 KBS 模型，笔者以 Moodle 平台作为在线协作学习环境，设计了用于支持教师的可视化学习分析工具——KBS-T。该工具不仅可以收集学习者在学习过程中的登录次数、学习时间等日志信息，还可以对协作讨论中的文本信息、同伴交互信息进行分析。通过采用聚类分析、语义分析、关键词分析等数据挖掘方法，自动化的行为序列分析方法和社会网络分析方法，该工具可以从班级、小组、个人三个层面，对协作过程从社交关系、行为模式和知识加工三个维度进行细粒度的分析。KBS-T 的技术架构在逻辑上可以划分为五个层次，分别是数据层、数据访问层、特征分析层、可视化表征层和应用展示层，各层之间由数据总线连接，如图 4-10 所示。

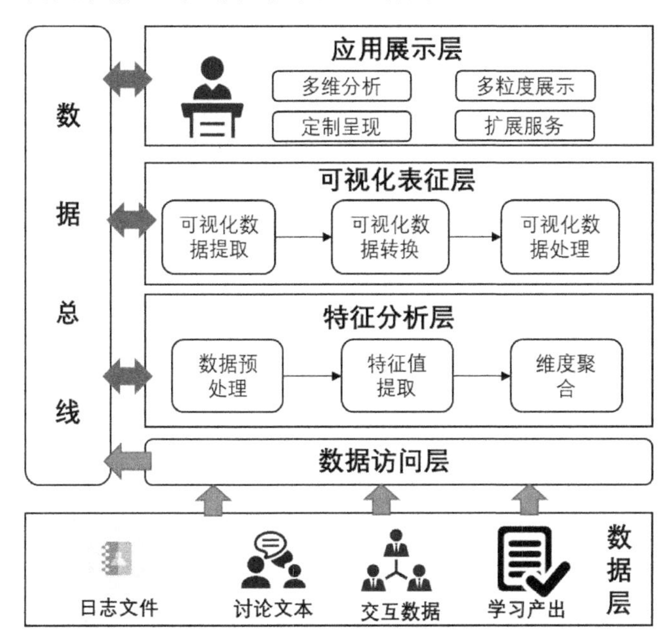

图 4-10　KBS-T 的技术架构

数据层是该工具的底层，其主要作用是对学习者的过程数据进行收集和存储。为了更好地对协作学习过程进行分析，数据层主要收集学习者在协作学习过程中的日志文件、讨论文本、交互数据和学习产出四类数据。数据层在将数据收集完成后，交由数据访问层来实现统一、规范的数据管理与数据交换。

特征分析层的主要作用是对底层数据进行处理，包括数据预处理、特征值提取和维度聚合三个主要步骤。通过采取自然语言分词处理、同义词替换、最小句子单元识别等技术，特征分析层可以对底层数据进行清洗和整理。研究者在此基础上，通过对发帖量、发帖时间、交互频次、知识点提及频次、社交关系密度和行为类型统计等数据的分析，可以提取知识点覆盖度、不同协作小组行为发生和转换的状态、各种社会网络指标等，表征学习者在个体和群组学习过程中的特征值。之后研究者通过采取聚类方法，将不同的特征值在知识加工、行为模式和社交关系三个维度上进行聚合，形成数据报表，为下一步的可视化呈现做好数据准备。

可视化表征层将特征分析层产生的各种数据报表传入可视化呈现模块进行处理。可视化数据处理的主要工作是先将数据报表中的多维数据转换为 JSON 格式的数据，再将 JSON 格式的数据传入可视化呈现控件中，进行各种分析结果的呈现。

应用展示层以提供面向教师的分析与监控服务为应用目标，基于可视化表征层的分析结果，依据用户请求提供不同的分析结果，以帮助用户获得可用信息。应用展示层通过对知识加工、行为模式、社交关系三个维度的数据进行全面分析，面向个人、小组和班级提供多粒度展示。根据用户需求开展定制呈现及扩展服务，能够更好地满足不同教师的使用需求。

4.3.4 教学支持工具的功能实现

在明确技术架构的基础上，为了满足教学支持工具的四个设计原则，KBS-T 提供了管理配置模块、数据分析模块和统计信息模块三大功能模块。KBS-T 的主要功能设计如图 4-11 所示。

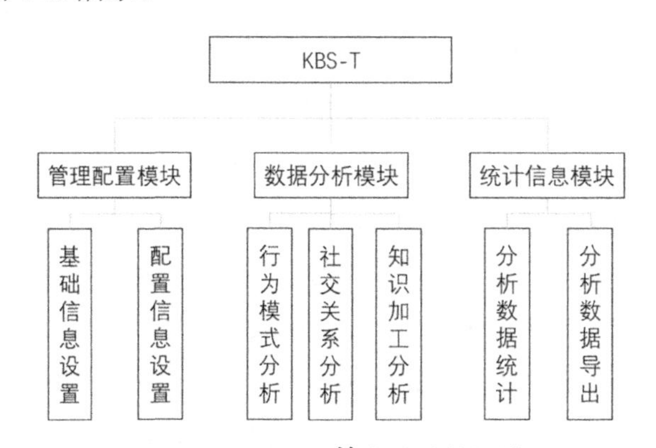

图 4-11 KBS-T 的主要功能设计

管理配置模块主要分为基础信息设置和配置信息设置两个子模块，基础信息设置要为知识加工的分析提供底层信息支持。研究者可以在管理配置模块中进行不同课程知识点的录入和删除，以及对不同教学类型中学习者的行为进行编码，满足教师个性化的工具使用需求。在通过界面接口将行为基础信息录入后台数据库后，学习平台端的讨论区将会自动载入行为类型供教师进行选择。配置信息设置主要是对不同学习状态指标的阈值进行设置，为更明确地显示学习者的学习状态提供参考。基础信息设置与配置信息设置的设计如图 4-12 所示。

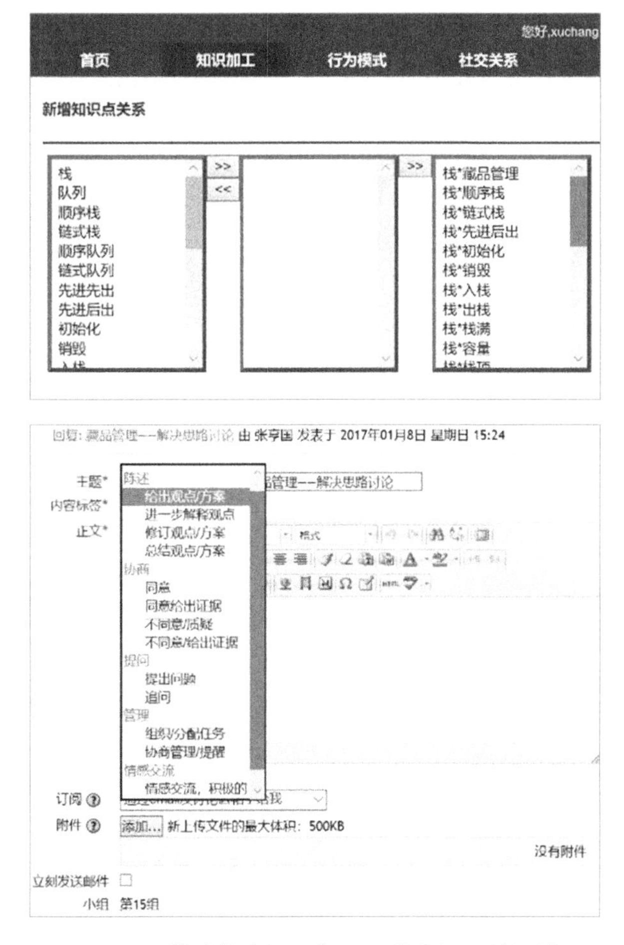

图 4-12　基础信息设置与配置信息设置的设计

数据分析模块是该工具的核心，主要从知识加工分析、行为模式分析、社交关系分析三个维度提供必要的数据分析和可视化呈现功能。在知识加工分析维度，数据分析模块主要为教师提供知识点覆盖度、知识点激活度、关系均度、关系激活度等方面的分析和可视化结果。在行为模式分析维度，数据分析模块主要为教师提供在协作学习过程中行为分布及行为转换的数据分析结果。在社交关系分析维度，数据分析模块主要为教师提供实时发帖量及交互关系两方面的数据分析结果。实时发帖量为教师实时呈现小组的发帖数量，以及发帖数量随时间变化的趋势。知识加工分析维度、行为模式分析维度和社交关系分析维度的图形示例如图 4-13、图 4-14、图 4-15 所示。

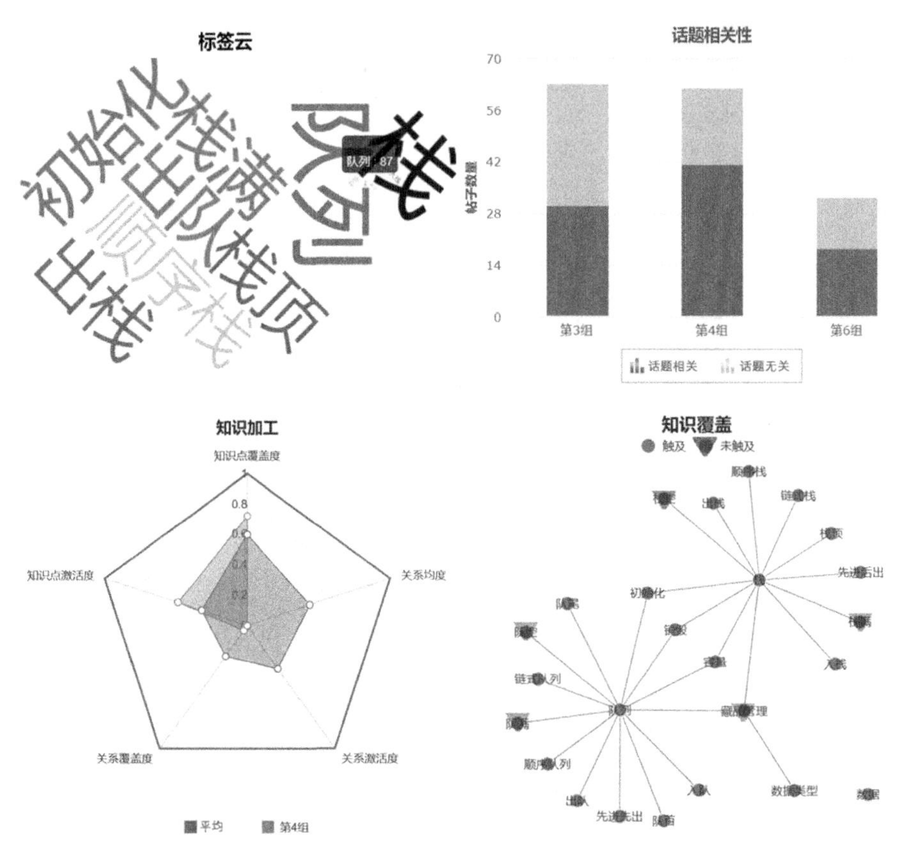

图 4-13　知识加工分析维度的图形示例

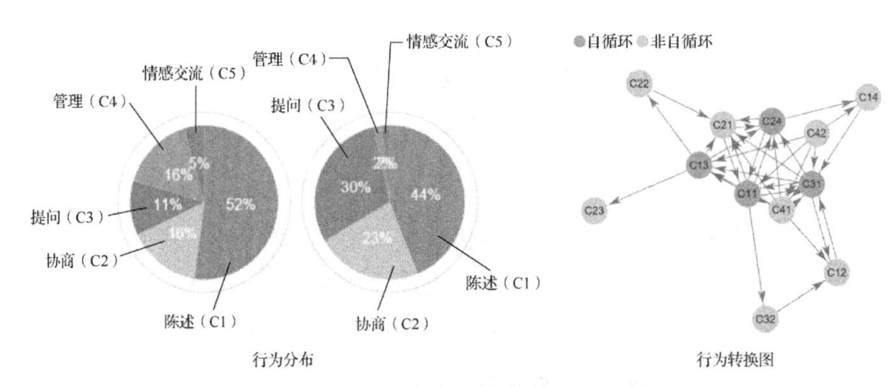

图 4-14　行为模式分析维度的图形示例

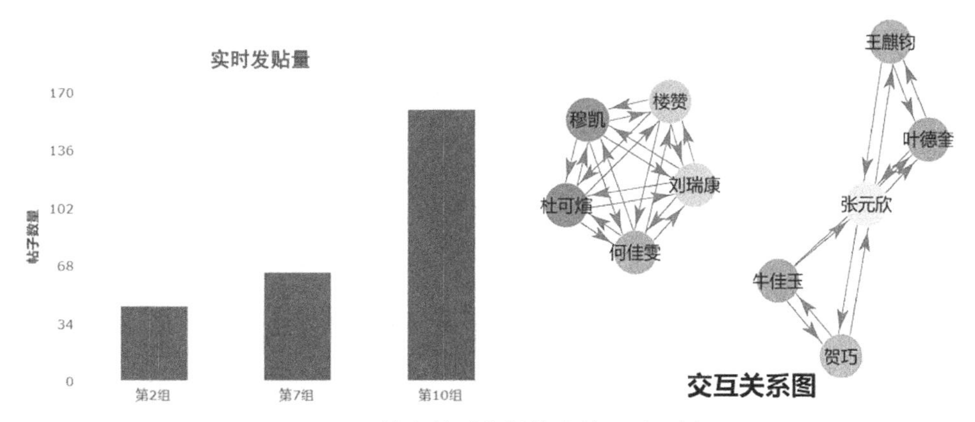

图 4-15　社交关系分析维度的图形示例

同时，为了支持多维度、定制化的分析，数据分析模块提供了个人、小组和班级的数据展示，以及对不同知识、指标和阈值等内容的定制化操作，教师可以根据需要，有选择地查看小组或个人的信息。图 4-16 所示为小组的知识点激活度。

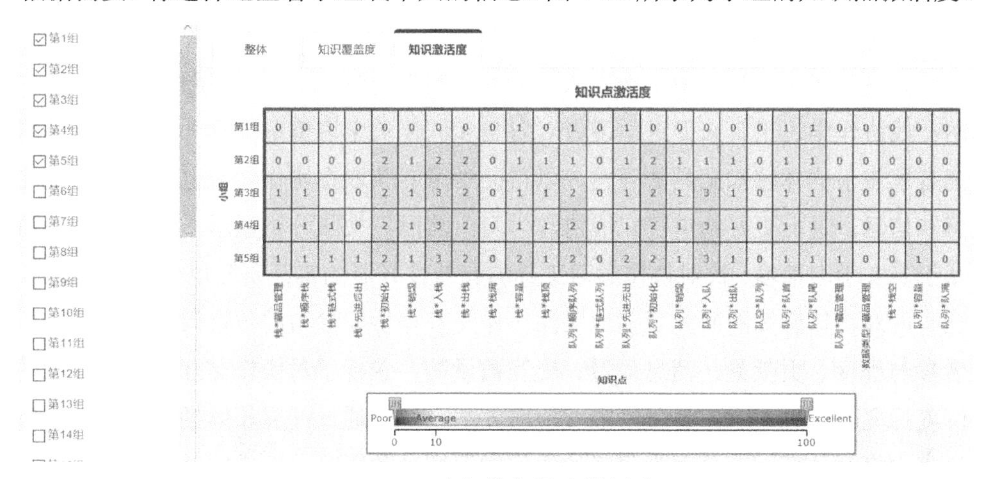

图 4-16　小组的知识点激活度

统计信息模块主要实现各种分析数据的统计和导出功能，具体涵盖小组知识加工指标、社交关系矩阵、一级行为模式和二级行为模式的分布比例等数十种数据的导出功能。导出的数据以 Excel 表的形式保存，便于后期对接 SPSS 等统计分析软件。

第 5 章

在线协作学习分析应用实践——学习者视角

针对在线协作学习中由于沟通不畅带来的学习效果不佳等问题，教师亟须利用在线协作学习工具来促进学习者对自身和同伴的学习情况的感知。近年来，研究者聚焦于群体感知工具的开发，以帮助学习者获取在协作学习过程中所需要的感知信息，进而更好地进行在线协作学习。然而，文献分析显示，一方面，目前基于真实学习情境、针对协作学习工具的有效性开展的实证研究很少；另一方面，已有的对群体感知的研究更多地关注协作交互与协作参与的数量问题，包括学习者参与程度、贡献量、消息数量、交互数量等，忽视了对协作交互与协作参与的深度探究。因此，本章将采用准实验研究的方法，通过开展长周期的在线协作讨论来探究群体感知工具对学习者的协作学习表现的影响，期望能够为群体感知工具支持的在线协作学习的理论研究和实践探索提供启示。

5.1 在线协作学习中的学习者学习

近年来，在 CSCL 研究领域，对群体感知的研究逐渐增多。对群体感知的研究主要聚焦在开发相应的工具，以支持小组成员获取和使用与小组相关或与个人相关的信息。目前，研究者已经开发了各种群体感知工具，并对群体感知工具如何增强学习者的群体感知，以及是否影响协作学习表现等问题进行了研究和探索。研究者就群体感知工具对协作学习过程的影响进行了总结（见表 5-1）。例如，Janssen 等发现群体感知工具可以增强学习者对积极的小组行为的感知，提升小组策略的有效性，促进概念理解。Kimmerle 和 Cress 在研究中提供了每个成员的贡献量信息及参与情况，促使学习者积极地参与协作活动。Schreiber 和 Engelmann 为学习者提供了同伴的知识结构及相应的背景信息，促进学习者获取更多与同伴有关的知识和信息，从而加快了解决问题的速度，提高了问题解决的准确度。林建伟等将回复、评论、点赞的数量，以及小组的交互信息呈现给学习者，结果显示学习者的个人贡献量有了明显的增长，小组交互效率也有了显著提升。

表 5-1　群体感知工具对协作学习过程的影响

感知类型	研究者	感知信息	对协作学习过程的影响	对学习结果的影响
认知感知	Schreiber 和 Engelmann	同伴的知识结构及相应的背景信息	促进学习者获取更多与同伴有关的知识和信息	加快解决问题的速度，提高了问题解决的准确度
认知感知	Bodemer	小组的知识、同伴的任务分配	增加具有批判性的观点讨论	提高个人知识测试成绩，提高解决问题的能力
认知感知	Dehler et al.	同伴对信息的理解	促进提问次数的增加，促进解释行为的增加	对个人知识测试成绩无影响
行为感知	Janssen、Erkens 和 Kanselaar	聊天信息中分歧及赞同的数量	增强学习者对积极的小组行为的感知，提升小组策略的有效性	促进概念理解
行为感知	Kimmerle 和 Cress	每个成员的贡献量信息及参与情况	促进学习者积极地参与协作活动	
社会感知	Phielix et al.	小组成员的影响力、友好性、合作性、可靠性、生产力和贡献质量的评定等级	提升协作的满意度，改善小组的协作态度，减少小组冲突	对学习结果无影响
社会感知	Jongsawat 和 Premchaiswad	组员活动的级别、当前的工作重点及他们的参与意向	增强小组的凝聚力，提高小组的协作积极性	提高小组表现

续表

感知类型	研究者	感知信息	对协作学习过程的影响	对学习结果的影响
行为感知、社会感知	Pifarré、Cobos 和 Argelagós	知识树，同伴信息、个人贡献量，小组交互图	改善群体感知，提升参与度	提高认知与元认知水平，提升小组成绩
行为感知、社会感知	Lin 和 Tsai	回复、评论、点赞的数量，小组的交互信息	个人贡献量明显增长，提升小组的交互效率	
认知感知、行为感知、社会感知	林建伟、Lai 和 Chang	组员的知识水平、学习参与情况，成员求助的交互图	提升参与度	提升小组成绩

通过以上研究可以发现，群体感知工具可以促进小组成员的协作参与，提高小组的协作效率，促进有效的知识共享。然而，不同的研究结果之间也存在一些矛盾。例如，一些研究报告显示，在群体感知工具支持的环境中，所有小组成员的参与更加平等，而另外一些研究发现某些小组成员在协作学习中占主导地位。此外，Sangin 等认为群体感知工具可以提高所有成员之间的知识转移质量，而 Engelmann 等则持相反的观点。目前，在大多数对群体感知工具的研究中，实验干预时间过短（如一节课或一小时）。为了探究长期学习行为的轨迹，更好地了解群体感知工具对协作学习过程的影响，研究者有必要进一步分析长时间沉浸在一个有技术干预的电子学习环境中的学习者的协作学习行为。

5.2 支持方案与研究设计

5.2.1 研究问题

经分析文献发现，在有效的协作学习过程中，学习者往往需要获取多维信息来整体了解小组的情况，但是目前对群体感知工具的研究大多在国外开展，并且大多数研究的开展时间较短。因此，笔者采用准实验研究的方法，在真实的教学场景中长期开展在线协作学习活动，通过对比实验探究群体感知工具对学习者的协作学习表现的长期影响，主要包括三个研究问题。

（1）在协作学习过程中，群体感知工具是否会影响小组的参与度？

（2）在协作学习过程中，群体感知工具是否会影响小组的社会交互？

（3）在协作学习过程中，群体感知工具是否会影响小组的成绩？

5.2.2　研究场景

本研究在北京市某综合性大学内开展，该校对学习者的培养要求是学习者至少进行一学期的计算机基础学习，同时鼓励教师对信息技术课程进行混合式教学，这为本研究的顺利开展提供了良好的条件。本研究依托“信息处理基础”这门课程展开。“信息处理基础”是一门为期 16 周的计算机专业必修课程，授课对象为非计算机专业的大学一年级本科生。该课程采用混合式教学方式，重视让学习者在学习知识的同时，自主探究知识在生活中的实际应用，促使学习者灵活运用所学内容来解决生活中的问题。学习者需要根据课程安排，参与每周一次的大约 100 分钟的面对面教学，并完成每两周一次的在线协作学习活动。

5.2.3　研究对象

本研究采用准实验研究法，研究对象为北京市某高校两个班级的 93 名本科一年级学习者。在研究中，这两个班级被随机设置为实验班和控制班：实验班 43 人，共有 8 组；控制班 50 人，共有 10 组。每组随机分配 5～6 名学习者。在研究开始前，研究者对两班学习者的知识掌握情况进行了前测，并对前测成绩进行了独立样本 t 检验，发现两个班级的成绩（先验知识水平）无显著差异（t=0.489，p>0.05）。在研究过程中，由同一位教师按相同的教学方案对两个班级的学习者授课。

5.2.4　研究工具

在研究过程中，研究者为学习者提供了在线协作学习平台，其中实验班的学习者在协作学习过程中可以随时查看群体感知工具。该工具将认知感知信息、行为感知信息和社会感知信息以可视化的方式进行了实时呈现。群体感知工具的功

能界面如图 5-1 所示。其中，图 5-1-（1）以标签云的形式呈现了与任务解决相关的高频词，学习者可以通过标签云快速获取小组讨论的焦点，获取认知感知信息；图 5-1-（2）以饼状图的形式展现了小组及个人的发帖情况，以便学习者快速了解小组内各成员的参与贡献情况，从而获得行为感知信息；图 5-1-（3）以交互图的形式将小组成员之间的交互模式可视化呈现，学习者可以通过交互图了解小组内的交互讨论情况，依据社会感知信息均衡小组讨论。群体感知工具以易于理解的可视化图表将感知信息呈现给学习者，便于学习者实时查看小组的讨论状态，及时发现问题并进行相应调整，以期产生高质量的协作学习效果。

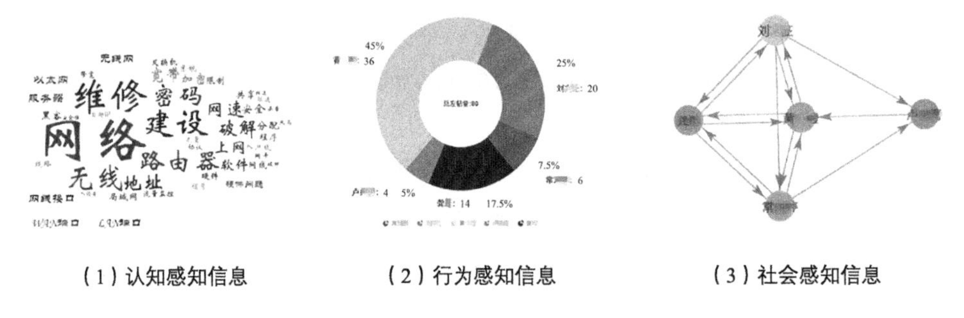

（1）认知感知信息　（2）行为感知信息　（3）社会感知信息

图 5-1　群体感知工具的功能界面

5.2.5　研究过程

本研究为实验班和控制班提供了不同的协作学习环境，实验班的各小组成员在有群体感知工具支持的 Moodle 平台上进行协作学习，而控制班的各小组成员则在没有群体感知工具支持的 Moodle 平台上进行协作学习。在协作学习过程中，教师采取混合式教学的方式，学习者在课上完成知识学习，在课下完成协作学习任务。实验分为三个阶段：平台使用培训阶段、正式实验阶段、评估阶段。

平台使用培训阶段：研究者以讲解的形式向两个班的学习者介绍协作学习活动，并教学习者使用协作学习平台。通过平台使用培训，学习者熟悉了协作学习平台的使用情况和活动流程，消除了因对平台、活动的不熟悉而造成的干扰，以保证实验高效进行。

正式实验阶段：此阶段包括三项活动，其中每项活动的时长为两周。实验分别围绕“电脑选购”、“计算机网络”和“如何建设与维修家庭网络”这些协作学

习活动开展。在此期间，教师只对活动任务和活动要求进行描述，并未进行其他干预。实验班与控制班的学习者在相同的活动主题下展开在线讨论，各小组均需要提交小组讨论报告。实验班的学习者可以随时查看群体感知工具所提供的感知信息。

评估阶段：在协作学习活动结束时，教师对两个班级中每个小组提交的问题解决方案进行评分。另外，在实验班的每个小组中随机选取两名学习者进行访谈，以深入了解群体感知工具对学习表现可能产生的影响。

5.2.6　数据收集与分析

在实验结束后，基于实验班和控制班在 Moodle 平台上的学习数据，本研究从小组参与度、社会交互和小组成绩等方面进行了多维度分析，以探究群体感知工具对协作学习表现的影响。其中，在进行小组参与度方面的差异性分析时，本研究以小组的人均发帖量来反映小组成员在小组协作过程中的参与情况。在社会交互方面的差异性分析中，本研究提取了小组成员之间相互回帖的交互数据，根据网络密度进行分析。网络密度是指小组中各个成员之间联系的紧密程度，网络密度越大，小组成员之间的交互越紧密。本研究采用 Ucinet 6.0 软件计算每个小组的网络密度。在分析两个班级在小组成绩方面的差异时，由专业教师对小组协作所提交的问题解决方案进行评分，并将此评分结果作为最终的小组成绩。

5.3　研究发现

5.3.1　群体感知工具对小组协作学习表现的影响

5.3.1.1　群体感知工具对小组参与度的影响

为了探究群体感知工具对小组参与度的影响，本研究对实验班与控制班在三项活动中的参与情况进行了分析。图 5-2 所示是三项活动中两个班级的人均发帖量的动态变化图。从图 5-2 中我们可以看出：实验班的人均发帖量在逐渐增加，

而控制班却呈下降趋势。另外，从表 5-2 所示的群体感知工具对学习参与的影响结果中的平均值可以看出，在三项活动中，实验班的人均发帖量逐渐上升，在活动 2 和活动 3 中，其值远高于控制班的人均发帖量。对三项活动中的人均发帖量进行 Mann-Whitney U 检验，发现实验班与控制班在活动 1 中的小组参与度无显著差异（u=31.500，z=0.758，p=0.460>0.05），而在后两项活动中，两个班级的小组参与度有显著差异（u=16.500，z=0.370，p=0.034＜0.05；u=15，z=0.260，p=0.027＜0.05）。

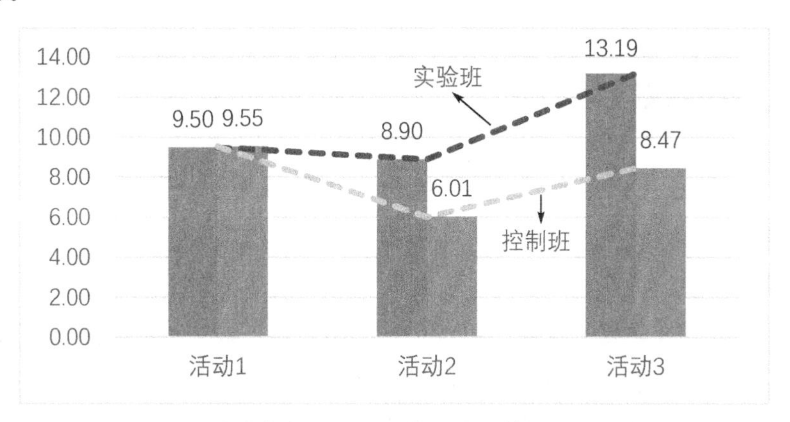

图 5-2　三项活动中两个班级的人均发帖量的动态变化图

在协作学习过程中，为学习者提供群体感知工具能显著激发学习者的协作积极性，提升小组的协作参与度。其原因可能是群体感知工具提供的感知信息可以使学习者迅速了解小组成员的协作参与情况，激励学习者积极参与协作活动，减少了“搭便车”现象的发生。结合以往的研究与访谈的数据可知，群体感知工具可以帮助学习者快速获取小组信息，同时激励他们积极参与讨论活动。有学习者在访谈中表示，“在协作学习过程中，群体感知工具对我非常有帮助，我可以通过它快速了解小组成员的发帖信息及小组成员的其他情况”“在查看群体感知工具时，我会看到我们小组的发帖情况，如果我发得太少，就会多发一些”“在看到某个组员发的帖子特别少时，我会提醒他积极发帖，让他积极地参与讨论”。在小组成员的参与情况被可视化后，各小组成员对小组的贡献是可识别的。因此，学习者会因担心其他小组成员对自己有负面评价而选择积极地参与。这些访谈数据再次说明在协作学习过程中为学习者提供群体感知工具，将小组的参与情况显性化呈现，可以提高小组成员参与协作的积极性，提升在线协作学习的效率。

表 5-2　群体感知工具对学习参与的影响结果

活动	组别	最大值	最小值	平均值	标准差	Mann-Whitney U 检验
活动 1	实验班(n=43)	17.8	4	9.50	4.28	0.758
	控制班(n=50)	27.0	3	9.55	6.95	
活动 2	实验班(n=43)	20.2	5	8.90	4.66	2.090*
	控制班(n=50)	17.2	2.2	6.01	4.66	
活动 3	实验班(n=43)	24.6	6.33	13.19	5.47	2.221*
	控制班(n=50)	10.8	4.2	8.47	2.13	

注：*表示 $p<0.05$。

5.3.1.2　群体感知工具对小组社会交互的影响

为了探究群体感知工具对小组社会交互的影响，本研究对实验班与控制班在三项活动中的交互数据进行了分析。图 5-3 所示是三项活动中两个班级的网络密度的变化图。从图 5-3 中我们可以看出：实验班的网络密度始终高于控制班。表 5-3 所示是群体感知工具对网络密度的影响结果。对三项活动中两个班级的网络密度进行 Mann-Whitney U 检验，发现实验班与控制班在活动 2 中的网络密度无明显差异（u=20.000，z=1.779，p=0.830>0.05），而在活动 1 和活动 3 中，实验班与控制班的网络密度存在显著差异（u=11.500，z=2.540，p=0.009＜0.05；u=11.500，z=2.540，p=0.009<0.05）。

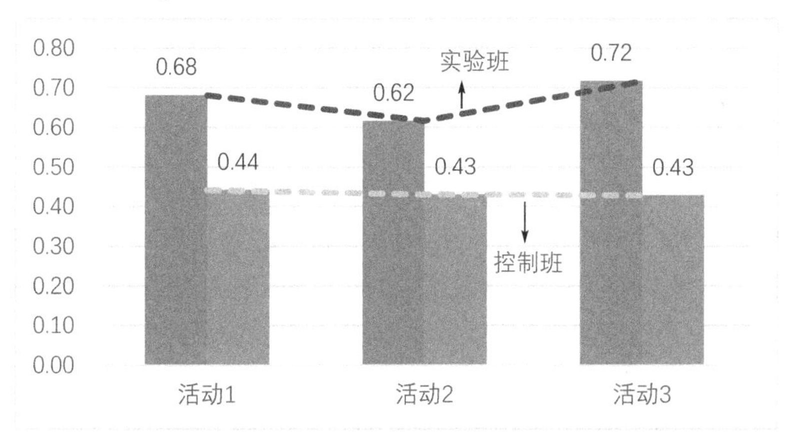

图 5-3　三项活动中两个班级的网络密度的变化图

由此可知，在协作学习中为学习者提供群体感知工具，对小组的社会交互有

显著的积极影响。这一研究结果印证了以往的研究发现，即群体感知工具提供的感知信息在协作学习中具有监督、激励的作用，可以提升小组交互网络的紧密程度。群体感知工具可以明确呈现小组成员各自的协作表现情况，当小组的协作情况被其成员感知时，学习者将积极参与协作活动，进而促进了同伴交互。在进行访谈时，有学习者表示："通过交互图我可以快速了解小组内的协作情况，知道我已经和谁说过话、还没跟谁说过话。对于没说过话的小组成员，我找到他的帖子，思考对于他的帖子我还有什么问题没有想到"；"通过看发帖量图，我会知道自己发了多少帖子，如果发得不多，我会继续讨论，多发一些帖子"；"在讨论后期，我会查看标签云中的小字部分，以挖掘以前未发现的讨论要点，完善协作讨论"。这再次印证了群体感知工具可以帮助学习者快速获取小组的协作情况，有效提升小组交互的紧密程度。

表 5-3　群体感知工具对网络密度的影响结果

活动	组别	最大值	最小值	平均值	标准差	Mann-Whitney U 检验
活动 1	实验班(n=43)	0.87	0.33	0.68	0.16	2.540*
	控制班(n=50)	0.70	0.20	0.44	0.16	
活动 2	实验班(n=43)	0.96	0.29	0.62	0.19	1.779
	控制班(n=50)	0.75	0.16	0.43	0.17	
活动 3	实验班(n=43)	0.95	0.43	0.72	0.17	2.540*
	控制班(n=50)	0.80	0.25	0.43	0.18	

注：*表示 $p<0.05$。

5.3.1.3　群体感知工具对小组成绩的影响

为了探究群体感知工具对小组成绩的影响，本研究对每个小组提交的问题解决方案的得分进行了分析。图 5-4 所示是三项活动中两个班级的小组成绩的变化图。从图 5-4 中我们可以看出：实验班的小组成绩始终高于控制班。表 5-4 所示是群体感知工具对小组成绩的影响结果。对实验班和控制班的小组成绩进行 Mann-Whitney U 检验发现，实验班和控制班在三项活动中的小组成绩均无明显差异（$u=26.000$，$z=1.246$，$p=0.830>0.05$；$u=39.000$，$z=0.089$，$p=0.956>0.05$；$u=34.500$，$z=0.491$，$p=0.633>0.05$）。

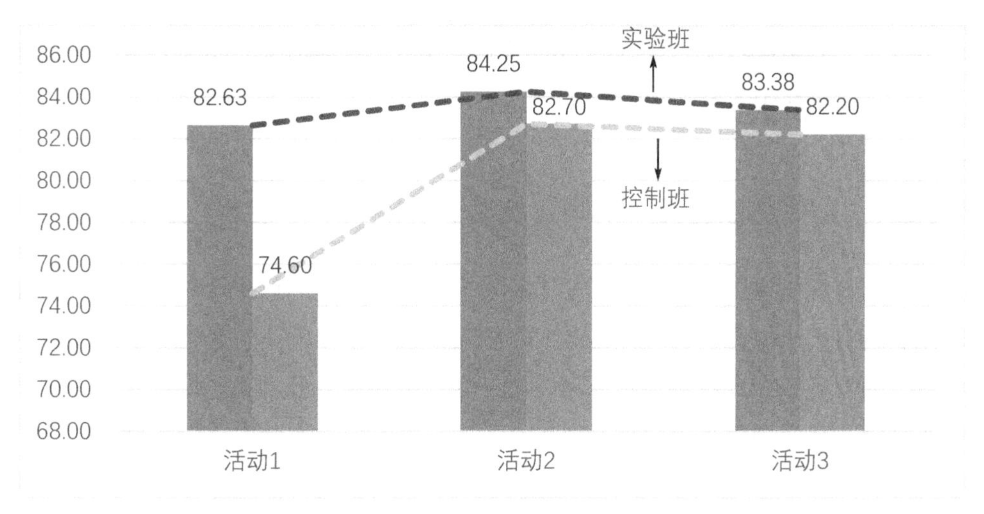

图 5-4　三项活动中两个班级的小组成绩的变化图

该研究结果显示，虽然在协作学习过程中学习者借助群体感知工具能够提升小组成绩，但是并没有非常显著的效果。其他研究也得出了类似的结论，原因可能是学习者大多忙于协作学习中的协调工作等，而在提交最终作品时出现小组中某些成员独自承担小组作品的问题。在学习者的访谈数据中也可以发现这种解释，有学习者表示，“最后的小组作业会由某个人自己整理好，到截止时间时，其他小组成员没有修改就直接提交了”。因此，未来的研究可以进一步探索出现此现象的原因，以探究群体感知工具如何有效提升协作学习中的小组成绩。

表 5-4　群体感知工具对小组成绩的影响结果

活动	组别	最大值	最小值	平均值	标准差	Mann-Whitney U 检验
活动 1	实验班(n=43)	93	71	82.63	8.70	0.213
	控制班(n=50)	90	37	74.60	15.63	
活动 2	实验班(n=43)	96	68	84.25	8.90	0.089
	控制班(n=50)	98	61	82.70	14.53	
活动 3	实验班(n=43)	94	75	83.38	5.87	0.491
	控制班(n=50)	89	75	82.20	3.97	

5.3.2 群体感知工具对不同自我调节水平的学习者的协作学习表现的影响

5.3.2.1 群体感知工具对不同自我调节水平的学习者参与度的影响

以上研究结果表明，群体感知工具对促进小组层面的协作学习表现存在积极作用。为进一步探究群体感知工具对不同自我调节水平的学习者协作学习表现的影响，研究者根据自我调节水平问卷的结果，将实验班分为高、低自我调节学习水平两组。自我调节水平问卷的结果显示，实验班的平均分为 83.55 分，高于平均分的学习者有 28 人，低于平均分的学习者有 15 人。因此，在本研究中自我调节水平高（HSRL）的学习者有 28 人，自我调节水平低（LSRL）的学习者有 15 人。

为了探究群体感知工具对不同自我调节水平的学习者协作参与的影响，本研究深入分析了高、低自我调节水平的学习者在三项活动中的协作情况。图 5-5 所示是三项活动中 HSRL 与 LSRL 的学习者的人均发帖量随时间变化的动态图。从图 5-5 中我们可以看出，在群体感知工具的支持下，不同自我调节水平的学习者的人均发帖量基本呈上升趋势，但 HSRL 的学习者在每项活动中的人均发帖量均大于 LSRL 的学习者。此结果也可从表 5-5 所示的群体感知工具对 HSRL 与 LSRL 的学习者的参与度的影响结果中看出。

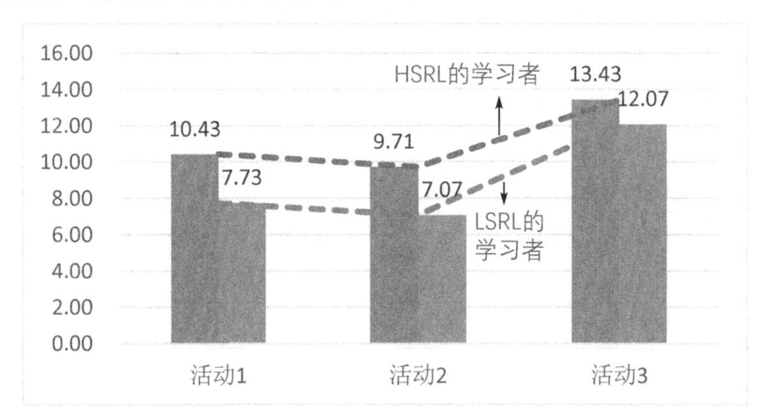

图 5-5　三项活动中 HSRL 与 LSRL 的学习者的人均发帖量随时间变化的动态图

为了进一步探究群体感知工具对不同调节水平的学习者的协作参与的影响，本研究分别对两组学习者的发帖量进行 Mann-Whitney U 检验。结果发现，HSRL 与 LSRL 的学习者的协作参与在活动 2 中有显著差异（u=96.500，z=2.913，p=0.004<0.05），在其余两项活动中无显著差异（u=175.000，z=0.897，p=0.370>0.05；u=153.000，z=1.443，p=0.149>0.05）。这说明虽然在三项活动中 HSRL 的学习者的协作参与明显好于 LSRL 的学习者，但未显示出持续稳定的差异。

表 5-5　群体感知工具对 HSRL 与 LSRL 的学习者的参与度的影响结果

协作学习活动	组别	最大值	最小值	平均值	标准差	Mann-Whitney U 检验
活动 1	HSRL(n=28)	41	3	10.43	7.84	0.897
	LSRL(n=15)	13	0	7.73	3.77	
活动 2	HSRL(n=28)	31	0	9.71	6.66	2.913*
	LSRL(n=15)	33	2	7.07	7.12	
活动 3	HSRL(n=28)	37	0	13.43	7.67	1.443
	LSRL(n=15)	36	4	12.07	9.79	

注：*表示 p<0.05。

5.3.2.2　群体感知工具对不同自我调节水平的学习者的协同知识建构的影响

本研究将三项活动中每个小组成员讨论的编码数据抽出，并按时间顺序进行排列。表 5-6 展示了三项活动中 HSRL 与 LSRL 的学习者每种行为类型的分布情况。总体来说，C3（意义协商或协同建构知识）在两类学习者的行为中都占比最大，随后是 C1（共享和比较信息），接着是 C6（其他）和 C2（发现、分析观点之间的不一致和矛盾之处），而 C5（对达成的共识、新建构的意义进行描述）和 C4（对新形成的方案的测试、修改）占比很小。研究者又进一步用 Mann-Whitney U 检验较为深入地分析在三项活动中 HSRL 与 LSRL 的学习者在每种行为上的差异。结果表明，两组学习者仅在 C3 上有显著差异（u=1239.000，z=2.480，p=0.013<0.05），即 HSRL 与 LSRL 的学习者在 C3 上表现出的差别比较大。这说明在群体感知工具的支持下，HSRL 的学习者在 C3 上所占的比例显著高于 LSRL 的学习者，出现了较高层次的协同知识建构。

表 5-6 三项活动中 HSRL 与 LSRL 的学习者每种行为类型的分布情况

编码	HSRL		LSRL		Mann-Whitney U 检验（Z）
	平均值	百分比	平均值	百分比	
C1	9.26	27.23%	8.50	30.05%	1.190
C2	2.56	7.52%	2.43	8.59%	0.090
C3	17.78	52.29%	12.64	44.70%	2.480*
C4	0.33	0.98%	0.21	0.76%	0.518
C5	1.56	4.58%	1.14	4.04%	0.606
C6	2.52	7.41%	3.36	11.87%	0.963

注：*表示 $p<0.05$。

为了探究 HSRL 与 LSRL 的学习者在协同知识建构上随时间变化的特点，研究者分析了在三项活动中每种行为类型所占比率的变化趋势。图 5-6 和图 5-7 分别展示了在三项活动中 HSRL 与 LSRL 的学习者的知识建构行为所占比例随时间变化的动态图。总体来说，两组学习者的知识建构行为所占比例的变化趋势大致相同。在占比最大的 C1、C3 中，HSRL 与 LSRL 的学习者在 C3 上均缓慢增长，且增长趋势相似。在 C1 上，HSRL 与 LSRL 的学习者虽然都呈增长趋势，但 HSRL 的学习者的增长幅度比 LSRL 的学习者的增长幅度要小。由此可知，在群体感知工具的支持下，HSRL 的学习者相对来说可以维持较高层次的协同知识建构。

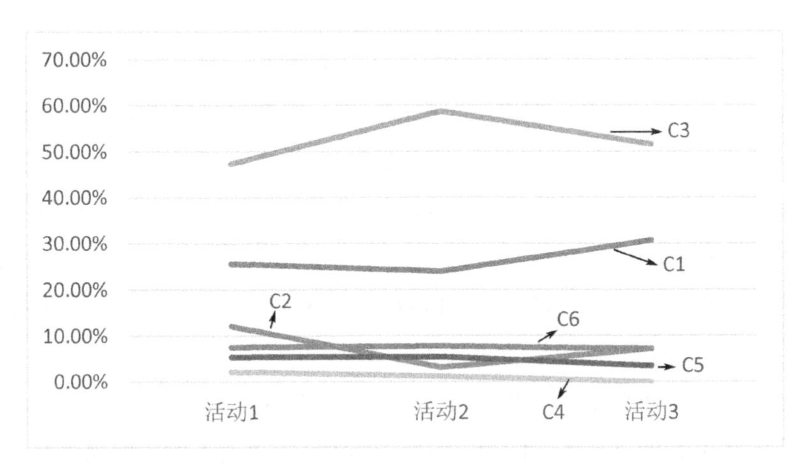

图 5-6 三项活动中 HSRL 的学习者的知识建构行为所占比例随时间变化的动态图

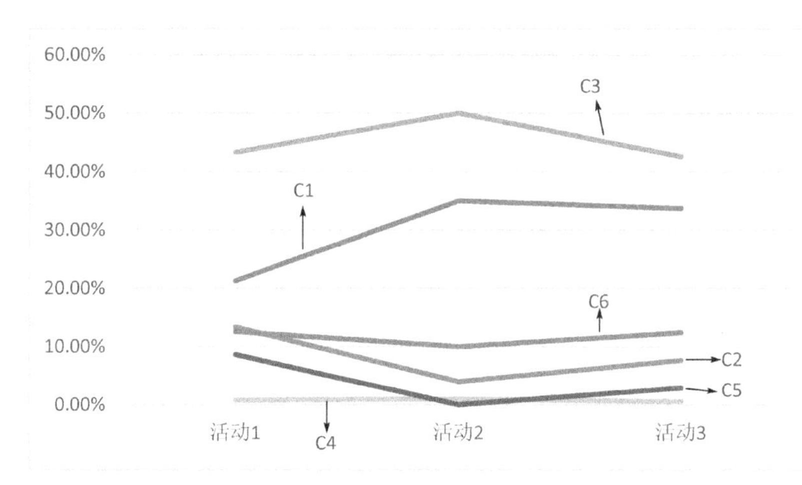

图 5-7　三项活动中 LSRL 的学习者的知识建构行为所占比例随时间变化的动态图

5.3.2.3　学习者对群体感知工具的态度

本研究将群体感知工具应用到真实的在线协作学习中，并对群体感知工具的应用效果进行了分析。群体感知工具接受度问卷的调查结果和访谈结果均表明，学习者认为群体感知工具对其进行协作学习非常有用。

群体感知工具接受度问卷共发放了 43 份，回收 43 份，其中有效问卷为 39 份，有效率为 90.70%。群体感知工具接受度问卷的调查结果如表 5-7 所示。从表 5-7 中我们可以看出，在有用性维度上，6 个问题得分的平均值都在 3 分以上，并且同意/非常同意的占比均在 60%以上，这表明学习者认为群体感知工具对解决协作问题是有帮助的，在促进小组的互动和参与等方面具有重要作用。在易用性维度上，4 个问题得分的平均值和同意/非常同意的占比均表明，群体感知工具中的标签云、小组发帖量图、交互图提供的信息清晰明了且很容易理解。在满意度维度上，3 个问题得分的平均值都在 4 分以上，这表明学习者对群体感知工具的使用持积极的态度，认为群体感知工具确实有益于小组协作问题的解决。在未来使用意愿维度上，2 个问题得分的平均值均大于 4 分，这说明学习者希望在以后的协作学习中继续使用群体感知工具。由此可见，学习者对群体感知工具的接受度较高，认为群体感知工具的使用有助于协作学习的开展。

表 5-7　群体感知工具接受度问卷的调查结果

维度	题目数量	示例	平均值	标准差	同意/非常同意的占比
有用性	6	我认为群体感知工具在支持协作学习方面是有用的	3.98	0.88	75.21%
易用性	4	我认为群体感知工具中的标签云提供的信息容易理解	4.33	0.73	89.10%
满意度	3	我对群体感知工具中的小组发帖量图满意	4.48	0.62	94.87%
未来使用意愿	2	我想在未来的小组讨论中继续使用群体感知工具	4.16	0.98	74.35%

为了进一步了解群体感知工具的使用情况，研究者又从实验班每个小组中随机抽取了 2 位学习者（1 位 HSRL 的学习者、1 位 LSRL 的学习者），共 8 组，进行了访谈。访谈从以下几个方面进行：如何理解群体感知工具提供的信息；群体感知工具的使用动机是什么；如何使用群体感知工具；如何评价群体感知工具。访谈结果总结如下。（1）针对如何理解群体感知工具提供的信息，大部分学习者表示可以正确理解群体感知工具提供的信息，这和调查问卷的结果一致。（2）群体感知工具的使用动机包括了解小组交互情况、督促自己及组员积极讨论、查看或挖掘讨论要点、调整讨论方向。（3）在如何使用群体感知工具方面，有些学习者在登录学习平台时先查看讨论帖，再看群体感知工具；也有学习者会先看群体感知工具，了解讨论要点和交互情况，再去查看讨论帖；还有学习者只在讨论最后查看群体感知工具，将其提供的信息用于反馈总结。（4）在如何评价群体感知工具方面，学习者反馈群体感知工具呈现的图清晰、直观，可直接呈现讨论重点，激发深度思考和深入讨论，同时可以督促学习者积极参与协作讨论，均衡小组讨论。另外，绝大多数学习者认为标签云的功能对协作学习最有效，其次为交互图，最后为小组发帖量图。具体的访谈结果如表 5-8 所示。

群体感知工具接受度问卷的调查结果和访谈结果表明，学习者认为群体感知工具在协作参与、促进交互均衡及知识建构方面有极大帮助，这充分印证了上述研究结果。

表 5-8　访谈结果

访谈问题	访谈结果
如何理解群体感知工具提供的信息	群体感知工具提供的信息展现小组讨论的各个方面； 群体感知工具提供的信息相当于日报的信息； 标签云显示的是讨论中出现频率最高的词，是讨论的重点内容；某个词在讨论中被提到的频率越高，其在标签云中显示的字号越大； 小组发帖量图就是发帖子的统计图，反映大家的参与情况； 交互图显示成员之间的互动情况，有箭头相当于两个人之间有讨论
群体感知工具的使用动机是什么	防止讨论跑题、偏题； 督促小组讨论； 均衡小组讨论； 了解自己和小组的讨论情况； 提高小组成绩
如何使用群体感知工具	每次登录平台后先查看群体感知工具，然后去讨论区参加讨论； 每次登录平台后先查看群体感知工具，然后浏览讨论帖； 在讨论刚开始时不查看群体感知工具，在讨论期间想看小组讨论情况时再查看群体感知工具； 在每次讨论的最后才查看群体感知工具，把它作为一个反馈总结的工具； 在使用标签云时可以了解讨论的重点，回忆讨论内容，反思自己是否跑题，形成知识体系并激发新的思路，从而继续深入讨论； 把标签云当成日报、周报、月报这种总结性的反馈查看，用于整理最后的讨论报告； 查看个人及小组成员的发帖量及交互情况，并使小组讨论更均衡
如何评价群体感知工具	群体感知工具显示的图很直观、清晰，起到辅助讨论的作用； 标签云通过呈现讨论的关键词，梳理讨论重点，激发想法，帮助形成知识体系，防止偏题、跑题，帮助我们及时调整讨论方向，完成小组报告； 小组发帖量图可以激励、督促小组讨论，调动协作积极性； 交互图可以展现小组交流情况，促使小组均衡讨论；我们还可以通过交互图看自己与他人的交互情况，反思自己是否跑题；但也有人提到交互图没多大用，认为它更关注内容而非讨论的均衡性； 增强学习者参与协作学习的成就感

5.4 研究结论与教学启示

5.4.1 群体感知工具能够有效改善小组的协作学习表现

5.4.1.1 群体感知工具有助于提升小组的参与度

群体感知工具对协作参与的影响结果表明，在协作学习过程中为学习者提供群体感知工具，能激发小组协作的积极性，持续有效地提升小组的参与度。具体来看，在第一项活动中，实验班与控制班的参与度基本持平，这可能是由于在实验刚开始时，两个班学习者的参与热情高涨，两个班的学习者均积极参加讨论。随着时间的推移，控制班的学习者出现对学习任务懈怠的情况，而实验班的学习者在群体感知工具的支持下，依旧积极地参与协作。这表明在将小组信息可视化后，小组成员的贡献量明显增长，参与协作的积极性也明显提升。群体感知工具促使学习者快速有效地了解自己及整个小组的协作参与情况，它可以采用可视化方式将小组的协作参与情况进行呈现，因此学习者对小组的贡献可以被识别，学习者会因担心其他小组成员对自己有负面评价而选择积极地参与到协作中。

有学习者在访谈中表示：“群体感知工具对我的帮助非常大，通过使用群体感知工具我可以快速了解小组成员的发帖信息及其他情况”；“看到别人的帖子比自己的多，我就想多参与讨论”；“看看谁发得少，赶紧催他继续参加讨论”；“我会查看自己在这个组内的发言是怎样的，如果发言太少，下次就积极一点”。结合量化数据与访谈数据，研究结果再次证明了在协作学习过程中为学习者提供群体感知工具，显性化地呈现小组的协作参与情况，可以对协作学习产生一定的督促作用，同时也激励学习者积极参与协作学习活动，提升在线协作学习的效率。

由此可见，群体感知工具对减轻教师的工作负荷，以及提升学习者的协作参与度具有积极的作用。在协作学习过程中，教师可以有效地利用群体感知工具开展混合式教学活动，促使学习者积极地参与协作讨论。群体感知工具的使用在一定程度上解决了协作学习过程中出现的成员积极性不高、参与程度较低等问题。

在未来的研究中，研究者可以进一步探究具体哪种类型的群体感知信息可以更有效地提升学习者在协作学习中的参与度，从而更加精准地进行协作支持。

5.4.1.2　群体感知工具有助于促进小组的社会交互

群体感知工具对小组社会交互的影响结果表明，在协作学习中为学习者提供群体感知工具，有助于提升小组协作的交互紧密度。该研究发现与以往的研究结果一致，即感知信息的可视化可以促进小组的交互，激发学习者的协作积极性，进而提升小组的交互紧密度。在访谈中，也有学习者表示，“在讨论过程中如果我和某成员的交互比较少，就会跟他多互动一点”“通过使用群体感知工具，我可以快速知道我已经和谁讨论过，还没跟谁讨论过，对于没和自己讨论过的成员，我会找到他的帖子，看看从他的帖子中我还能想到什么问题”“通过使用群体感知工具，我能很明确地知道谁没参与小组讨论，从交互图上如果看到某人很孤独地待在那里，那就叫她快来参加讨论”“在看交互图时，如果没人跟我交互，我会反思自己是不是跑题了”。这再次说明群体感知工具可以帮助学习者快速了解小组的协作交互情况，促进同伴交互，提升了小组的交互紧密度。此外，群体感知工具还可以促使学习者反思讨论内容，进而调整讨论方向。因此，在教学过程中为学习者提供群体感知工具，呈现小组的交互情况，这对培养学习者的协作沟通能力具有非常重要的意义。

5.4.1.3　群体感知工具有助于促进小组的协同知识建构

研究者深入分析了群体感知工具对学习者协同知识建构的行为特征及序列模式的影响，发现群体感知工具可以明显地促进学习者进行高层次的协同知识建构。同时根据协同知识建构的行为序列，研究者可以进一步归纳出群体感知工具引导学习者进行更高层次的协同知识建构的路径模式。

1. 群体感知工具支持下学习者协同知识建构的行为特征

根据学习者协同知识建构行为特征的分析结果可知，在群体感知工具的支持下，学习者在 C1、C2、C3、C4 上具有显著差异。从三项活动行为的变化趋势图可知，群体感知工具对高层次协同知识建构行为的促进作用是持续有效的。在知识建构过程中，C2 对从不同角度充分建构和理解知识至关重要，C3 对高质量协同知识建构具有非常重要的意义。然而由于学习者在讨论过程中存在知识建构的局限性，C4 和 C5 是很难做到的知识建构行为。群体感知工具可显著提升小组的知识建构水平，并且持续有效地帮助学习者向更高层次的知识建构发展，如帮助学习者发现更多分歧或不一致的地方、进行更多的协商讨论、修改和总结小组的讨论方案。C6 是学习者在讨论过程中的调节行为，群体感知工具可以在一定程度上减少学习者的沟通成本，从而保证学习者有更多的时间和精力协调知识建构，这对学习者的调节沟通具有非常重要的意义。根据以往的研究，群体感知工具是在自我调节的基础上支持学习者自由地调节学习活动的，而这种调节行为可以影响协作学习的进程和结果。未来研究者可以深入探究群体感知与自我调节之间的关系，以更好地优化协作学习过程，减轻学习者的协作负荷，提升协作效率。

研究者结合访谈数据，进一步探究了出现此结果的深层次原因。在访谈中，有学习者表示："标签云可以帮助我们及时调整方向，我通过查看标签云中显示的关键词来检查我们小组的讨论是否偏离主题。"这解释了实验班中为什么出现 C2 和 C4，表明群体感知工具可以支持学习者发现、分析观点之间的矛盾之处，并对存在的矛盾进行修改，这对学习者的高层次知识建构非常有利。同时，这也解释了为什么实验班在 C6 上的平均值高于控制班，但其占比要低于控制班，表明群体感知工具除了可以促进学习者进行高层次的协同知识建构，对学习者的调节行为也有一定的影响，但这种影响还不太显著。此外，还有学习者表示："通过小组交互图，我可以先了解协作的整体情况，找出我与谁沟通得较少，然后检查他的帖子中有哪些有价值的信息，最后深入讨论。"这给出了在 C3 上实验班的平均值远高于控制班的原因。有效的互动参与是协同知识建构的重要组成部分，群体感知工具在支持学习者进行互动参与的同时，对知识建构也有着积极的促进作用。协作学习过程中的交互参与是协同知识构建过程中重要的组成部分，在调节学习者的协作上起着重要作用，有助于实现有效的知识建构。

然而，控制班没有群体感知工具的支持，小组成员无法感知小组的协作参与情况，这可能影响学习者的学习体验。实验班在 C1 和 C3 上的占比与控制班的情况完全相反。这表明，在群体感知工具的支持下，除了进行信息共享和比较，学习者还可以在协作中深入探索知识，工具的使用可以激发学习者较高层次的协同知识建构。这一步验证了已有的研究发现，即协同知识建构的过程可以通过使用计算机技术来实现，群体感知工具通过为学习者提供更直接、有效的可视化信息，使学习者能够更好地了解小组协作学习的整体情况，从而促进学习者进行更高层次的协同知识建构。

2．群体感知工具支持下学习者协同知识建构的行为序列模式

为了深入探究群体感知工具是如何影响学习者的协同知识建构的，研究者分析了学习者协同知识建构的行为序列模式。从分析结果可以看到，群体感知工具可以有效地促进学习者在高层次协同知识建构方面的行为转换，同时支持学习者进行协作调节。从两个班的序列图中相同的行为转换序列可知，群体感知工具在 CSCL 环境中对协同知识建构向更高层次发展发挥了重要的作用。此研究结果与 Yoonhee Shin 和 Ulrike Cress 等的研究发现一致。两个班的行为转换序列均有 C1→C1、C2→C3、C3→C3 和 C5→C5，同时也存在一些差异。

首先，控制班学习者的行为转换序列中出现 C2→C4，这意味着在讨论过程中，当控制班的学习者发现存在分歧的地方时，他们倾向于修改原来建构的方案。而实验班在群体感知工具的支持下，可以及时了解分歧并做出正确的判断，这说明群体感知工具可以帮助学习者及时调整讨论方向，从而避免学习者在出现分歧时做出错误的判断。

其次，与控制班学习者的知识建构序列相比，实验班的学习者表现出修改与总结的双向序列：C4→C5，C5→C4，这表明实验班的学习者在持续改善既定的方案。在访谈过程中有学习者表示，“通过查看群体感知工具所提供的信息，我可以快速了解我们小组讨论的内容，并从中找到一些更好的讨论点，从而进行更深入的探索”“标签云可以帮助我们抓住讨论的关键点，梳理讨论的过程。另外，它对我们完成最终的总结报告也是有帮助的”“通过查看交互图，当别人与我的交互不多的时候，我会反思自己是否偏离了主题”。这一发现说明群体感知工具对促进知识建构向高层次发展具有积极的作用。

另外，从序列图中研究者发现，实验班重要的行为转换序列有 C5→C6 和 C6→C1。研究者在对讨论内容进行分析时，发现 C6 主要涉及小组的协作调节。以往的研究者提到，学习者在协作学习中可能会忙于监控协调工作，暴露了协作学习的缺陷。例如，Janssen 等发现在小组的协作学习过程中，会出现某个成员单独承担团队工作的情况。相比控制班的学习者，实验班的学习者可以借助群体感知工具快速了解小组的协作情况，及时做出相应的调整。例如，有学习者提出："我们先把问题帖发到不同楼层，然后对每个问题进行单独回复。"林建伟和Ümmühan AvcıYüce 等的研究已经证明了群体感知和调节之间存在紧密联系。这一发现表明在群体感知工具的支持下，实验班的学习者往往在共享和比较信息行为之前出现调节行为，或者在总结行为之后出现调节行为，这说明实验班的学习者在小组协作调节方面表现得较好，但具体情况还需要进一步的深入研究。

研究结果表明，在群体感知工具的支持下，小组的知识建构可以向更高层次发展。因此，在实际协作学习过程中为学习者提供实时动态的群体感知信息，可以帮助学习者及时发现问题，保证协作学习的质量。未来研究者可以继续深入探究在协作学习过程中群体感知与自我调节之间的关系，以及哪种类型的群体感知信息对学习者的知识建构最为关键。

3. 利用群体感知工具提升小组成绩

群体感知工具对小组成绩的影响结果表明，虽然在协作学习中为学习者提供群体感知工具可以使小组成绩呈缓慢的上升趋势，但没有显著的促进作用。许多研究得出相似的结论，究其原因可能是学习者在进行协作学习时，主要忙于监控协作学习过程等工作，导致在提交小组任务时，可能出现小组中某些成员独自承担小组任务的情况。学习者的访谈数据也进一步支撑了该结论，有学习者表示："我们平时参与小组讨论，在活动最后由组长整理小组讨论的内容，如果其他组员没有修改，组长就会直接提交小组报告。"未来研究者可以进一步探究如何利用群体感知工具更有效地提升小组成绩，进而深入分析群体感知工具在提升小组成绩方面可以进行哪些优化。

5.4.2 群体感知工具影响不同自我调节水平的学习者的协作学习表现

5.4.2.1 群体感知工具影响不同自我调节水平的学习者的参与度

对于不同自我调节水平的学习者，群体感知工具对其参与度的影响有所不同。

结果显示，群体感知工具可以同时促进 HSRL 的学习者与 LSRL 的学习者的协作参与，激发他们的协作积极性。然而，研究发现群体感知工具对 HSRL 的学习者的促进效果好于 LSRL 的学习者，但两者的差异并不显著。林建伟和 Tsai 通过研究发现，在短时间内群体感知工具可以促进不同自我调节水平的学习者进行有效协作，然而对自我调节水平高的学习者的影响是长期的、持续的，而对自我调节水平低的学习者的影响是临时的、不持续的。由于群体感知工具是建立在自我调节的基础上的，它不会明确指导学习者如何调整行为，而是让学习者根据接收到的感知信息自由地调节学习过程。因此，自我调节水平低的学习者可能无法很好地利用群体感知工具来完善协作学习。

5.4.2.2　群体感知工具影响不同自我调节水平的学习者的协同知识建构

从群体感知工具对实验班与控制班在协作参与方面的影响可知，群体感知工具可以显著增加学习者的高层次协同知识建构行为。分析实验班不同自我调节水平的学习者的协同知识建构特征，结果显示 HSRL 的学习者与 LSRL 的学习者在 C3 上有显著差异，而在其他行为上无显著差异。这说明在高层次的协同知识建构行为上，群体感知工具对 HSRL 的学习者的提升效果比对 LSRL 的学习者的提升效果要好。根据两组学习者在三项活动中行为的变化趋势图可知，群体感知工具对不同自我调节水平的学习者的协同知识建构的作用几乎一致。然而，在 C1 上，HSRL 的学习者的增长幅度比 LSRL 的学习者要小。这意味着 HSRL 的学习者在群体感知工具的支持下，可以更有效地调整协作行为，以进行高层次的协同知识建构。

对访谈数据进行分析的结果显示，不同自我调节水平的学习者使用群体感知工具的方式有所不同。HSRL 的学习者在每次登录平台后先查看群体感知工具，然后去讨论区参加讨论，或者在讨论刚开始时不查看群体感知工具，而在讨论期间实时地查看群体感知工具。然而，部分 LSRL 的学习者把群体感知工具当成一种反馈总结的工具，会在每次讨论结束时查看它。这可能就是不同自我调节水平的学习者表现不同的原因所在。未来研究者可以针对不同类型的学习者的需求提供不同类型的感知信息，更精准地支持学习者的协作学习。另外，由于群体感知是建立在自我调节的基础上的，学习者在感知到信息后，需要对信息进行加工，进而调整自身的活动，因此自我调节水平低的学习者可能无法更有效地利用群体感知工具。

第6章

在线协作学习分析应用实践——教师视角

在协作学习中，教师扮演着至关重要的角色。作为在线协作学习课程的设计者、学习资源的提供者，以及在线协作学习的指导者，教师需要实时监控各组协作学习的内容和进展，根据其学习进展给予恰当的干预。但是在线协作学习课堂上往往存在多个学习小组，易出现讨论文本信息量大、讨论时间长、讨论过程无序的情况，这导致教师干预各组学习的工作受到巨大挑战，难以及时发现各组学习者在协作学习中遇到的问题。为了支持教师给出及时、恰当的干预，减少教师干预时的工作负荷，越来越多的研究者提出利用学习分析工具来辅助教师观察在线协作小组的学习情况。支持教师干预的学习分析工具层出不穷，但相关研究大多处于设计阶段。教师如何使用学习分析工具、学习分析工具对教师的干预究竟有何影响等问题亟待解决。本章通过为教师提供学习分析工具来支持其了解学习者的在线协作学习情况，进一步探究教师如何使用学习分析工具，以及使用学习分析工具的方式对教师干预的影响。

6.1 在线协作学习中的教师教学

6.1.1 在线协作学习中的教师干预

在在线协作学习过程中，教师需要实时监控各小组的协作学习表现，及时发现学习者在学习过程中遇到的困难，并采用最佳的干预方式来推进各组的协作学习进程。教师需要根据各组的知识共建水平、参与学习活动的积极性、协作配合情况等方面，来判断需要干预的学习者，并采用恰当的方式进行干预。教师在给出干预之前，需要了解学习者在协作学习过程中的知识进展、行为表现及社交参与等情况。在综合分析学习者不同方面的表现后，教师才能给予学习者有针对性的干预，进而推动协作学习的开展。

目前，已有部分研究者总结了在线协作学习中教师的主要干预方式。Pol 等通过分析在线协作学习过程中的师生互动情况，总结出六种教师的干预方式：反馈、提示、指导、解释、提供框架、提问。Leeuwen 等基于以往的文献，从教师干预的目的和内容两个角度划分了干预方式，包括提问、诊断、提议、提示、解释、指导、批评、鼓励/夸赞。此外，Furberg 发现教师解释相关概念知识有助于学习者解决问题，但也可能限制学习者讨论的内容，使其难以解决创新性问题。

6.1.2　在线协作学习中的教师评价

在在线协作学习开展前，教师作为课程设计者，需要组织学习者参与协作学习；在在线协作学习过程中，教师作为指导者，需要监控和干预各组的协作学习进展；在在线协作学习结束后，教师作为反思者，需要评价协作学习过程并总结各组的协作学习效果。在线协作学习平台可以从多个维度记录学习者的学习行为数据，使得协作学习不再是一个“黑盒子”。教师在在线协作学习平台上既可以看到各组协作学习的成果，也可以全面获取他们的学习行为数据。对于学习内容为结构化知识的课程，教师可以采用总结性评价的方式对学习者知识掌握的效果进行评价。而在线协作学习的过程是学习者相互交流配合、协同知识建构、共同完成学习任务的过程，注重学习者的交流配合和知识共建，教师应注意对学习者的学习表现进行评价。

教师评价学习者的学习表现应关注哪几个维度呢？已有研究基于协作学习理论，采用自顶向下、自下而上的数据分析方法，对协作学习过程中的语料信息进行定性分析。Burkhardt 等提出评价学习者的学习表现需要关注七个维度：协作配合、保持理解、交换解决问题的信息、达成共识、管理任务和时间、任务分工、参与积极性。该研究团队组织两个小组开展了 12 次协作学习活动，在每次活动结束后，请教师和学习者从这七个维度出发来评价各组的学习过程。研究者使用视频的方式记录了两个小组的 12 次协作学习活动，分析各组协作学习的动态变化，发现评价有利于优化协作学习活动。根据以上评价学习者的学习表现需要关注的维度，教师在评价学习者的学习表现时需要关注协作配合、知识共建、学习参与等方面。

在在线协作学习实施过程中，教师往往根据小组共同完成的作品或任务，给予每个小组一个最终分数。组内整齐划一的评价结果，可能会导致任务分配不均、部分学习者“搭便车”，进而导致学习者积极性减弱等问题。因此，教师在评价学习者的学习表现时，应注重学习者的过程表现，关注学习者的差异性，突出不同学习者参与学习活动取得的成就。为了让学习者在协作学习中有获得感，教师的评价内容应尽量体现学习者的成长过程。因此，教师在评价各组的协作学习表现时，应注重分析学习者不同阶段的学习表现。为了给各组成员提供个性化的支持，除了注意组内成员表现的差异性和学习者个体学习进展的渐进性，教师还应注重不同小组表现的差异性。教师通过比较不同小组的表现，可以更清楚地了解各组协作学习的进展，进而给予更有针对性的支持。同时，由协作学习自身的竞争激励机制决定，教师比较不同小组的学习表现，有利于激发各组参与协作学习活动的积极性。

教师评价学习者的学习表现的过程，是教师了解学习者学习情况的过程，也是教师对协作学习表现和教学活动进行反思的过程。教师评价各组的协作学习表现，反思协作学习中出现的问题，进而优化教学内容和学习情境，设计更适合学习者的教学活动，这对提升在线协作学习的质量具有重要作用。教师反思自身实施教学的过程，有助于推动自己的专业能力和教学能力提升。教师可以通过平台记录的学习行为数据，来评价协作学习过程中个人、小组及全班的表现。但面对海量的学习行为数据，教师难以在短时间内了解各组的学习情况，难以总结学习者遇到的问题。因此，教师需要花费大量的时间和精力来分析各组产生的学习行为数据，承受巨大的工作负荷。由于时间限制，教师往往不能综合、全面地查看各组的学习表现，这样很容易降低教师评价的可信度。

6.1.3 支持教师干预的学习分析工具

为了支持教师干预在线协作学习，越来越多的研究者强调教师应利用学习分析工具来了解学习者的协作学习表现。国内研究者采用问卷调查法来研究教师对大数据支持的学习分析的认识和需求，发现教师非常认可利用学习分析工具全方位地收集、分析学习者的学习行为数据，从而帮助自己更加全面地了解学习者的学习情况，实现教学决策和教学改进。也有研究者进一步采用访谈法总结了教师对学习分析工具的功能的需求，总结出教师希望通过学习分析工具呈现学习者在学习活动中的活跃程度、任务完成结果及学习效果，并希望利用学习分析工具能够综合评定学习者的学习表现。

当前面向教师的学习分析工具主要可视化地呈现了学习者在学习活动、成绩信息与社交关系等方面的表现，为教师教学及对学习者的学习情况进行预测等提供支持。纵观学习分析工具，其主要呈现了学习者在协作学习过程中知识共建、行为表现及社交关系三方面的情况。在知识共建方面，学习分析工具主要分析和标记学习者产生的语料和关键概念，来辅助教师了解学习者在学习中的知识进展。在行为表现方面，学习分析工具主要解析学习者的登录日志及其与学习资源的交互，来辅助教师了解学习者的学习行为。在社交关系方面，学习分析工具主要分析学习者在协作学习过程中的交互行为，可视化学习者的参与度和交互关系，以辅助教师了解学习者参与的积极性。

6.1.4 学习分析工具对教师干预和评价的影响研究

为了促进学习分析工具支持教师干预和评价在线协作学习，Abel 等在教学实践中为教师提供学习分析工具。他们通过观察和访谈，总结教师偏好的可视化图表的形式，为优化学习分析工具的设计提供建议。Xhakaj 等通过使用智能教学系统，调研教师查看学习行为数据的行为，总结出学习分析工具有必要提供个人层面和班级层面的概念掌握情况，以及认知误区的相关数据，来帮助教师了解各组的在线学习情况。依据教师使用学习分析工具的意向和需求，学习分析工具的功能将不断地得到优化。

此外，荷兰学者 Leeuwen 等探究了学习分析工具对教师干预和评价协作学习表现的影响，该研究采用的学习分析工具可以为教师呈现学习者参与协作讨论、协同编辑的次数等社交方面的可视化图表。研究者通过对比实验班和控制班的教师在在线协作学习中的监控行为和给出的干预内容，发现在工具支持下教师能够更快速地锁定学习者参与协作出现的问题，更详细地了解各组的协作学习表现。随后，Leeuwen 等又为教师呈现学习者协作讨论的关键词、任务解决进度等认知方面的可视化图表，来探究其对教师干预和评价的影响。该研究发现学习分析工具并不能减少教师的工作负荷，但有助于教师确定小组在知识进展方面的问题，给出更有针对性的干预。该研究同时发现，在认知方面的学习分析工具的支持下，教师对社交方面评价的关注度明显降低，而对认知方面评价的关注度无明显变化。虽然两个研究都论证了学习分析工具对教师干预和评价在线协作学习有影响，但提供的学习分析工具均只呈现了认知或者社交某一维度的学习分析结果。已有研究指出，在在线协作学习中，教师应从不同方面综合了解小组的协作学习情况，这样才能做出有针对性的干预和评价。以上两个研究提供的学习分析工具不能同时支持教师了解学习者在知识进展、行为表现和交互关系等方面的情况。因此，当前研究者有必要为教师提供多维学习分析工具，研究多维学习分析工具对教师干预和评价的影响。

为了促进学习分析工具对教师的支持作用，当前研究有必要挖掘在在线协作学习中教师使用学习分析工具的过程，探究教师如何运用学习分析工具来干预在线协作学习，研究教师使用学习分析工具的方式不同是否对教师有影响，调研教师使用学习分析工具的满意度和其对工具的建议，总结教师使用学习分析工具的经验，为学习分析工具的优化提供依据。

6.2 支持方案与研究设计

为了研究在在线协作学习过程中教师使用学习分析工具的情况，以及使用该工具对干预在线协作学习的影响，本研究主要采用个案研究法，对教师使用学习分析工具的过程进行分析。

6.2.1　研究问题

基于以上研究背景和相关研究现状，本研究提出以下两个研究问题。

（1）在在线协作学习过程中，教师使用学习分析工具的方式有何差异？

（2）在在线协作学习过程中，使用学习分析工具的方式不同对教师干预有什么影响？

6.2.2　研究场景

本研究以北京某高校本科生的数据结构课程为基础。该课程的学习者已经学习了数据结构中栈和队列的知识，需要强化练习运用栈和队列的知识来解决实际问题。该课程有 30 名学习者，分为 6 组，每组有 4～6 名学习者。各组学习者在 Moodle 平台上围绕“应用栈和队列的知识模拟藏品管理”的情境问题展开讨论，本次在线协作学习长达 90 分钟，协作讨论任务如图 6-1 所示。

在藏品拍卖会上，藏品被放置在展柜里等待拍卖，展柜只有一侧可以打开，用于存放和取出藏品。按照提交的时间顺序，藏品被依次放入展柜，即越早提交的藏品越靠近展柜的左侧。当展柜被占满并有新藏品被提交时，该新藏品会被放到货架上，等待被放入展柜。在取出藏品时，在展柜上的藏品顺序保持不变的情况下为货架上的藏品腾出位置。货架上的藏品按提交时间先后进入展柜。

请学习者以小组为单位，在论坛上讨论如何运用数据结构的知识模拟藏品存取拍卖的过程，并在wiki上协作设计模拟方案。提示：每个藏品都带有自身属性，包括藏品状态（如“存放”“已拍出”）、藏品编号等。从藏品的关键操作入手，注意模拟程序交互的友好性。

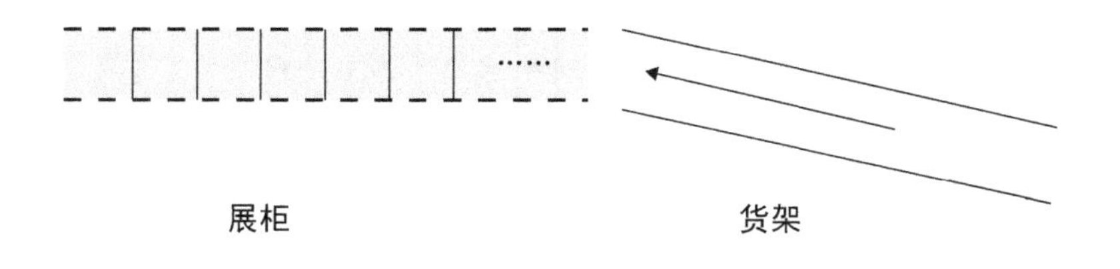

图 6-1　协作讨论任务

6.2.3 研究对象

本研究招募了36名具备数据结构课程的专业知识的教师。为保证研究对象具备相关能力，在招募阶段，报名参加实验的研究对象需要通过数据结构知识测试和教育职业能力测试。本研究在开展前将36名研究对象随机分配到实验组和控制组（其中，实验组19人，控制组17人）。在实验过程中，研究对象将作为在线协作学习课程的教师，监控各组学习者的在线协作学习表现。其中，实验组的教师在干预和评价在线协作学习时有学习分析工具的支持，控制组的教师没有学习分析工具的支持。

6.2.4 研究过程

本研究采用准实验研究法，来探究在在线协作学习中学习分析工具对教师干预和评价的影响。本研究设置实验组和控制组，来看有无学习分析工具支持对教师干预和评价学习者学习表现的影响。在实验过程中，研究者记录了教师干预和评价学习者协作学习表现的内容和过程，收集了教师使用学习分析工具的反馈。实验流程如图6-2所示。

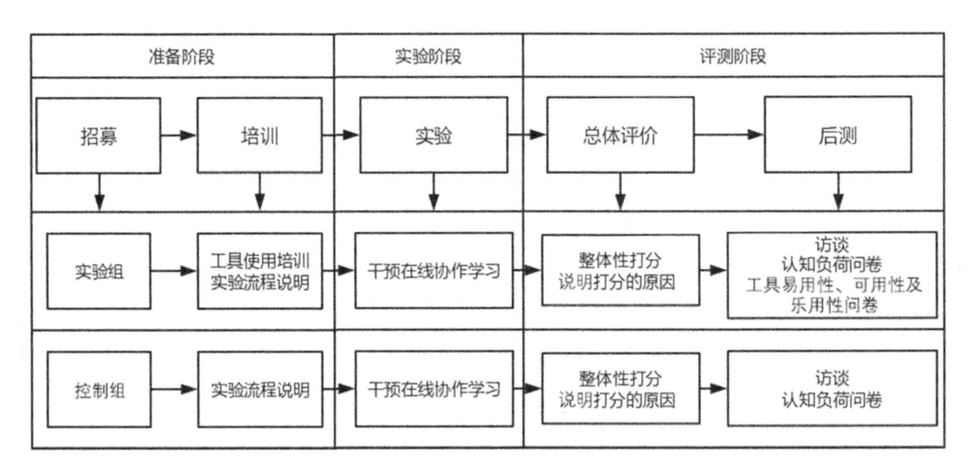

图6-2 实验流程

6.2.4.1　准备阶段

在开展实验前，研究人员要向实验组的教师提供工具使用培训、说明实验流程，向控制组的教师讲解实验流程，保证研究对象充分了解在线协作学习的操作环境、此次协作学习活动的任务、干预协作学习的操作。此外，实验组的教师需要根据学习分析工具的说明书登录学习分析平台，练习使用学习分析工具，解读学习分析工具中各个图表表达的意义，以确保能够熟练使用学习分析工具。

6.2.4.2　实验阶段

实验组与控制组的教师在两个不同的教室中，监控各组学习者协作完成“应用栈和队列的知识模拟藏品管理”的情境任务。在在线协作学习过程中，教师兼顾多组学习者的学习表现，在发现学习者在协作学习中出现问题后，根据情况给予干预。教师在进行干预时，需要切换到干预界面，将干预的讨论内容截图，并将其记录在对应的小组文档中。本次实验借鉴以往研究教师干预的实验设计，让所有的教师干预同一节在线协作学习课程，学习者不会接收到任何一位教师的干预内容。该课程持续 90 分钟，与真实的协作学习时间保持一致。

6.2.4.3　评测阶段

在课程结束后，教师需要对 6 组学习者的协作学习过程进行评价，从知识加工、行为表现和社交关系这三个方面打分并给出一个总体分数，分值范围都是 1～10 分。打分之后，教师需要说明评分原因，此阶段通过录音记录教师口述的内容。为了全面记录教师干预和评价在线协作学习的操作，整个实验全程录屏。在实验结束后，研究者对教师干预和评价在线协作学习的过程进行访谈，并请各位教师填写实验过程中的认知负荷问卷。实验组的教师需要额外填写工具易用性、可用性及乐用性问卷。

6.2.5 研究工具

为了探究学习分析工具对教师干预和评价在线协作学习的影响，本研究记录了教师对各组协作学习表现的干预内容和评价内容。其中，教师的评价内容通过其口述采集。研究者采用内容分析法对教师的干预内容和评价内容进行分析，进一步探索实验组和控制组的教师进行干预和评价的差异。为了探究教师使用学习分析工具的方式，本研究采集了教师干预和评价各组协作学习表现的过程视频。研究者采用视频分析法对教师使用学习分析工具的过程进行分析，分析教师使用学习分析工具的方式及不同方式对教师的影响。为了探究教师对学习分析工具的满意度，本研究还采用问卷调查法调研实验组的教师对学习分析工具的接受度。此外，本研究还采用访谈法来了解教师对学习分析工具的感受和建议。整个研究过程用到了口述报告法、访谈法、问卷调查法、编码表等研究方法。

6.2.5.1 口述报告法与访谈法

1. 口述报告法

教师在干预协作学习结束后，就对各组的协作学习表现进行评分，并口述打分的原因。教师的口述报告是教师对各组的协作学习表现的评价，说明的打分原因可以体现教师对各组的协作学习情况的了解程度。

2. 访谈法

为了进一步探究教师对学习分析工具的满意度，本研究采用访谈法就教师使用学习分析工具的意向和遇到的问题、希望优化学习分析工具的什么地方等内容展开访谈。

6.2.5.2 调查问卷法

1. 认知负荷问卷

为了分析学习分析工具是否影响教师干预协作学习所承受的认知负荷，本研究采用调查问卷法来量化教师的认知负荷。本研究采用的认知负荷问卷参考了Workload Profile（WP）认知负荷主观评价量表，其包括中枢处理资源、响应资源、空间编码资源、语言编码资源、视觉接收资源、听觉接收资源、操作资源 7 个维度。WP 认知负荷主观评价量表已被广泛应用，并且具有较强的敏感性和有效性。在本研究中，教师全程通过平台完成干预在线协作学习的任务，不会通过听觉接收资源。因此，本研究在 WP 认知负荷主观评价量表的基础上去掉了听觉接收资源，最终剩余 6 个维度。

2. 工具易用性、可用性及乐用性问卷

为了探究教师使用学习分析工具的意向和满意度，与访谈内容双向验证教师对工具的满意度，本研究采用工具易用性、可用性及乐用性问卷来调查教师对工具的接受度。该问卷参考了 LAAM（Learning Analytics Acceptance Model）。LAAM 源于 TAM（Technology Acceptance Model，技术接受度模型），增加了工具的可用性、易用性、乐用性。基于 LAAM，本研究将从功能模块反馈和工具的易用性、可用性、乐用性来调研教师对学习分析工具的接受度和满意度。其中，功能模块反馈主要调研教师对工具功能的反馈；易用性主要调研教师使用工具的难度；可用性主要调研教师对工具的辅助作用的认可程度；乐用性主要调研教师将来使用工具的意愿。根据使用的学习分析工具的特点，本研究采用的工具易用性、可用性及乐用性问卷涉及学习分析工具的知识加工、社交关系、行为模式三方面的功能，共 10 个问题，其中可用性维度有 5 个，易用性维度有 3 个，乐用性维度有 2 个。该问卷采用利克特量表的形式，1 代表非常不赞同，5 代表非常赞同。

6.2.5.3　编码表

1. 教师干预内容编码表

本研究采用编码的方式对教师的干预内容和评价内容进行分析。教师干预内容编码表参考了 Leeuwen 等编制的教师干预编码表。教师干预具有干预关注点、干预对象、干预方式等多个维度。在干预关注点维度，有效的教师干预不仅要关注学习者的知识进展和认知策略调节，还要关注学习者之间的互动和配合关系；在干预对象维度，教师不仅要关注小组整体的协作学习进展，还要关注小组中个人的学习进度，并总结多个小组存在的共性问题，给予干预，加以矫正；在干预方式维度，研究者总结了教师的干预方式，并指出教师采用提示、鼓励等方式更有助于提升协作学习质量。

2. 教师干预过程的视频编码表

为了探究教师如何运用学习分析工具来干预在线协作学习，本研究对记录教师干预过程的视频进行编码。其中，在干预协作学习时教师的操作行为主要包括浏览各组讨论的帖子、给出干预、查看学习分析工具认知方面的分析结果、查看学习分析工具行为方面的分析结果，以及查看学习分析工具社交方面的分析结果。教师干预过程的视频编码表记录了教师在干预协作学习过程中的行为，以及行为发生的时间、对应帖子的发出时间，根据教师给出的干预内容标记教师给出的干预所针对的学习小组。在视频编码过程中，研究者还要记录教师切换到干预界面时的前向页面，即干预的前向来源。干预的前向来源包括协作讨论的帖子和学习分析工具两种。

6.2.6 数据收集与分析

本研究记录了教师在工具支持下干预在线协作学习的过程，并对教师干预协作学习时遇到的困难、工具的支持作用和待改进的地方进行了访谈。在数据分析阶段，首先，根据视频编码表对教师干预在线协作学习过程的视频进行编码；其次，两名研究者根据教师干预的语义内容对干预内容进行最小意义单元切分；然后，抽取 30%的教师干预内容，根据教师干预内容编码表进行编码。两名研究者对干预关注点、干预方式、干预对象的编码一致性分别为 0.90、0.77 和 0.82（>0.75）。两名研究者对不一致的编码进行讨论并达成一致意见，最终完成所有干预内容的编码。

6.3 研究发现

6.3.1 学习分析工具对教师干预的影响分析

6.3.1.1 教师干预的总频次

基于教师干预的编码结果，研究者对实验组和控制组教师的干预频次进行分析。实验组和控制组教师干预频次的统计结果如表 6-1 所示。从教师干预的平均

频次来看，实验组教师给出的干预多于控制组教师。利用 Mann-Whitney U 检验对两组教师的干预频次进行差异性检验，结果显示两组教师的干预频次无显著差异（$u=105.5$，$p=0.076>0.05$）。为了深入探究学习分析工具对教师干预的影响，研究者从教师的干预关注点、干预方式、干预对象三方面来进行。

表 6-1　实验组和控制组教师干预频次的统计结果

分组	数量	总频次	均值	标准差	Mann-Whitney U 检验
实验组教师	19	883	46.47	15.50	105.5
控制组教师	17	655	38.53	18.23	
合计	36	1538	42.72	17.08	

6.3.1.2　教师的干预关注点

根据教师干预内容编码表对教师的干预内容进行编码，得出教师的干预关注点、干预对象和干预方式，由编码结果统计得出实验组与控制组教师干预关注点的统计结果（见表 6-2）。从教师的干预关注点占比来看，实验组与控制组的教师都比较集中地关注学习者在认知方面的表现（实验组为 65.5%，控制组为 53.6%）；对学习者认知调节的表现关注相对较少，仅占 20%左右；而在社交和社交调节方面的干预则远少于在认知方面的干预。比较实验组与控制组教师对各干预关注点的干预频次，可见实验组教师在认知和认知调节方面的干预频次多于控制组教师，但在社交和社交调节方面的干预频次略少于控制组教师。研究者利用 Mann-Whitney U 检验，进一步探究两组教师干预关注点的差异。结果发现，实验组教师在认知方面的干预频次显著多于控制组教师（$u=79.5$，$p=0.008<0.05$），在其他方面无显著差异。

表 6-2　实验组与控制组教师干预关注点的统计结果

分类	实验组教师			控制组教师			总体			Mann-Whitney U 检验
	均值	标准差	百分比	均值	标准差	百分比	均值	标准差	百分比	
认知	30.4	11.8	65.5%	20.6	12.2	53.6%	25.8	12.8	60.4%	79.5*
认知调节	8.0	4.5	17.2%	7.7	5.7	20.0%	7.9	5.0	18.4%	149.5
社交	5.2	4.8	11.2%	6.9	4.5	17.9%	6.0	4.7	14.0%	116.5
社交调节	2.8	2.4	6.1%	3.3	2.4	8.5%	3.1	2.4	7.2%	142.5

注：*表示 $p<0.05$。

6.3.1.3 教师的干预对象

根据编码结果统计教师给予个人、小组和全班三个层面的干预，得出实验组与控制组教师干预对象的统计结果，如表 6-3 所示。从教师干预不同对象的占比来看，两组教师给出的干预绝大多数是针对小组层面的，其占比接近 80%；而教师通过总结各组的共性问题来对全班进行干预的次数最少，约占 6%。比较两组教师干预不同对象的次数，可见实验组教师在个人层面、小组层面及全班层面的干预次数均多于控制组教师。研究者利用 Mann-Whitney U 检验，进一步分析两组教师干预对象的差异。结果表明，两组教师针对个人的干预次数具有显著差异（u=94.0，p=0.033<0.05），而在其他层面上无显著差异。

表 6-3　实验组与控制组教师干预对象的统计结果

分类	实验组教师			控制组教师			总体			Mann-Whitney U 检验
	均值	标准差	百分比	均值	标准差	百分比	均值	标准差	百分比	
个人	8.1	7.8	17.4%	3.1	3.0	8.1%	5.8	6.5	13.5%	94.0*
小组	35.1	11.7	75.4%	33.1	18.2	86.0%	34.1	14.9	79.9%	131.5
全班	3.3	4.8	7.1%	2.3	2.1	6.0%	2.8	3.7	6.6%	151.0

注：*表示 p<0.05。

6.3.1.4 教师的干预方式

根据编码结果统计实验组与控制组教师在干预在线协作学习时采用的方式，得出实验组与控制组教师干预方式的统计结果，如表 6-4 所示。从教师采用的干预方式的占比来看，两组教师采用指导和鼓励的方式来干预协作学习的次数较多，与此同时，两组教师以诊断（通过提问的形式来询问学习进度）的方式来干预协作学习的次数最少。比较两组教师采用不同方式进行干预的次数，可见实验组教师采用提议、提示、指导、鼓励的方式来干预协作学习的次数都多于控制组教师，而采用诊断和批评的方式进行干预的次数少于控制组教师。研究者利用 Mann-Whitney U 检验来探究两组教师干预方式的差异，结果发现实验组和控制组的教师采用提示和指导的方式进行干预的次数具有显著差异（提示：u=99.0，p=0.049<0.05；指导：u=98.5，p=0.045<0.05)，在其他方面无显著差异。

表 6-4　实验组与控制组教师干预方式的统计结果

分类	实验组教师			控制组教师			总体			Mann-Whitney U 检验
	均值	标准差	百分比	均值	标准差	百分比	均值	标准差	百分比	
诊断	0.9	1.8	1.9%	1.6	2.5	4.1%	1.2	2.1	2.9%	129.0
提议	6.9	6.0	14.9%	4.9	4.9	12.7%	6.0	5.5	14.0%	127.0
提示	4.5	3.2	9.7%	2.6	2.5	6.7%	3.6	3.0	8.5%	99.0*
解释	4.7	3.5	10.1%	4.6	3.0	11.9%	4.6	3.2	10.9%	161.0
指导	16.8	7.8	36.1%	12.4	8.9	32.1%	14.7	8.5	34.4%	98.5*
鼓励	8.9	5.4	19.1%	6.4	6.1	16.5%	7.7	5.8	18.0%	107.5
批评	3.7	4.4	8.0%	6.2	6.3	16.0%	4.9	5.5	11.4%	120.5

注：*表示 $p<0.05$。

6.3.2　学习分析工具对教师评价的影响分析

6.3.2.1　教师对各组的评分

在实验结束后，研究者请两组教师根据各组学习者在认知、行为、社交方面的表现进行评分，最后给出一个总分。实验组与控制组教师评价分数的统计结果如表 6-5 所示。从两组教师评分的均值来看，实验组教师对学习者在认知、行为、社交及总体方面的表现的评分都低于控制组教师。研究者利用 Mann-Whitney U 检验进一步分析两组教师评分的差异，得出实验组教师在认知方面（u=77.0，p=0.007<0.05)、社交方面（u=75.0，p=0.005<0.05），以及总体表现方面（u=73.5，p=0.004<0.05）的评分都显著低于控制组教师。

表 6-5　实验组与控制组教师评价分数的统计结果

分类	实验组教师		控制组教师		总体		Mann-Whitney U 检验
	均值	标准差	均值	标准差	均值	标准差	
认知	41.2	3.9	44.9	3.9	42.9	4.1	77.0*
行为	42.3	4.4	45.1	4.4	43.6	4.3	109.5
社交	44.7	5.0	47.8	5.0	46.2	4.4	75.0*
总体表现	43.0	3.8	46.4	3.8	44.6	3.7	73.5*

注：*表示 $p<0.05$。

6.3.2.2 教师的评价关注点

根据编码表对教师评价各组协作学习表现的关注点和评价方式进行编码，而后根据编码结果统计实验组与控制组教师的评价关注点，其统计结果如表 6-6 所示。从两组教师的评价关注点占比来看，教师评价学习者在协作学习过程中的知识理解和参与积极性最多。实验组教师在评价学习者的表现时，关注知识理解的次数占比为 32.63%，控制组教师不相上下，占 30.06%。两组教师对参与积极性的评价占比最高，在 40%左右（实验组教师为 41.03%，控制组教师为 37.86%）。研究者利用 Mann-Whitney U 检验进一步探究两组教师评价关注点的差异，结果显示两组教师的评价关注点无显著差异。

表 6-6　实验组与控制组教师评价关注点的统计结果

分类	实验组教师			控制组教师			Mann-Whitney U 检验
	均值	标准差	百分比	均值	标准差	百分比	
知识理解	7.00	3.26	32.63%	6.5	2.72	30.06%	141.5
话题相关度	1.20	1.29	5.59%	1.06	1.25	4.91%	150.0
任务策略	2.25	1.89	10.49%	2.88	1.76	13.29%	127.5
协作分工	1.35	1.53	6.29%	2.06	1.78	9.54%	122.5
参与积极性	8.80	2.94	41.03%	8.19	2.48	37.86%	130.0
协作氛围	0.85	1.01	3.96%	0.94	1.20	4.34%	158.5

6.3.2.3 教师的评价方式

本研究根据教师评价方式的编码结果，统计了实验组与控制组教师的评价方式，统计结果如表 6-7 所示。从两组教师评价方式的占比来看，教师在评价协作学习时主要采用“描述”的方式。其中，实验组教师通过“描述”来评价各组协作学习表现的次数占总体的 41.43%，控制组教师采用“描述”的方式来评价各组协作学习表现的次数占总体的 46.13%。实验组教师采用“组间比较”的方式进行评价的占比为 29.14%，高于控制组教师的 17.34%。从教师采用不同方式进行评价的次数来看，实验组教师除了采用“组间比较”的方式进行评价的次数多于控制组教师，采用其他方式进行评价的次数都略少于控制组教师。研究者利用 Mann-Whitney U 检验进一步探究两组教师评价方式的差异，得出两组教师采用“组间比较”进行评价的次数具有显著差异（u=97.5，p=0.045<0.05），在其他方面无显著差异。

表 6-7　实验组与控制组教师评价方式的统计结果

分类	实验组教师			控制组教师			Mann-Whitney U 检验
	均值	标准差	百分比	均值	标准差	百分比	
描述	7.25	4.54	41.43%	7.81	4.38	46.13%	156.5
组间比较	5.10	3.05	29.14%	2.94	2.75	17.34%	97.5*
组内成员比较	1.95	1.69	11.14%	2.38	1.41	14.02%	134.5
组内进展比较	3.20	2.27	18.29%	3.81	1.84	22.51%	132.5

注：*表示 $p<0.05$。

6.3.3　教师使用学习分析工具的方式

6.3.3.1　教师使用学习分析工具的频次

本研究对教师干预协作学习的过程视频进行了编码，统计教师使用学习分析工具的频次。需要说明的是，由于未成功采集（3 位教师）和视频数据损坏（2 位教师），本研究最终采集到 14 位实验组教师的视频。根据视频编码结果，统计实验组教师干预协作学习时使用学习分析工具的频次，统计结果如表 6-8 所示。由统计结果可见，教师在干预在线协作学习过程中使用学习分析工具的平均次数为 14.71；教师使用认知方面的学习分析工具的次数最多，使用社交和行为方面的学习分析工具的次数较少。其中，教师 G 在干预协作学习过程中使用工具的次数最多，达 34 次；H 教师未使用学习分析工具。研究者通过非参数检验探究两组教师使用学习分析工具的差异，结果显示无显著差异（认知：$z=0.63$，$p=0.82>0.05$；行为：$z=1.15$，$p=0.14>0.05$；社交：$z=0.85$，$p=0.47>0.05$；总体：$z=0.58$，$p=0.89>0.05$）。

表 6-8　实验组教师干预协作学习时使用学习分析工具的频次

单位：次

教师	认知	行为	社交	总计	干预
A	7	3	8	18	65
B	10	3	3	16	65
C	7	2	0	9	27
D	12	2	2	16	58
E	6	0	0	6	55
F	3	2	2	7	43

续表

教师	认知	行为	社交	总计	干预
G	14	12	8	34	51
H	0	0	0	0	84
I	15	0	0	15	34
J	11	8	0	19	33
K	4	0	0	4	57
L	7	9	1	17	43
M	19	1	2	22	33
N	17	3	3	23	35
均值	9.43	3.21	2.07	14.71	48.79
中位数	8.50	2.00	1.50	16.00	47.00
最大值	19.00	12.00	8.00	34.00	84.00
最小值	0.00	0.00	0.00	0.00	27.00
标准差	5.54	3.77	2.76	8.90	16.20
z	0.63	1.15	0.85	0.58	0.60

6.3.3.2 教师使用学习分析工具的类型

为了进一步探究教师使用学习分析工具的方式的差异，本研究基于教师使用学习分析工具的次数对教师进行聚类。基于教师使用学习分析工具的次数，研究者运用分层聚类法对教师使用学习分析工具的方式进行聚类。研究者采用 Wards 法，以教师使用学习分析工具不同功能的次数为基础，对教师使用工具的方式进行分层聚类分析。教师使用学习分析工具的分层聚类结果如图 6-3 所示，当类间距为 5 时，14 位教师使用学习分析工具的方式被分为 3 类。其中，A、B、D、I、J、L、M、N 这 8 位教师聚为一类，这类教师使用学习分析工具的次数较多，并使用了学习分析工具多方面的功能。C、E、F、H、K 这 5 位教师聚为一类，这类教师使用学习分析工具的次数较少，大多使用了学习分析工具某一方面的功能。教师 G 单独为一类，该教师使用学习分析工具的次数最多，同时使用了学习分析工具的 3 种功能。

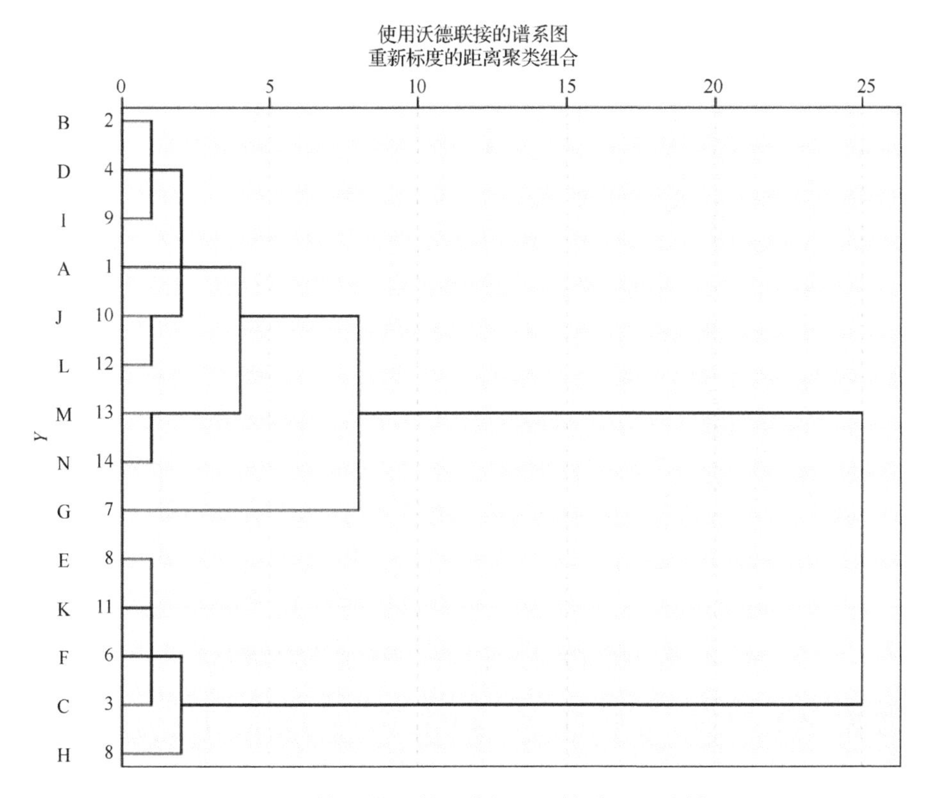

图 6-3 教师使用学习分析工具的分层聚类结果

基于教师使用学习分析工具的次数和给出干预的次数，本研究再次采用 Wards 法对教师进行分层聚类分析，得出教师使用学习分析工具和干预的分层聚类结果，如图 6-4 所示。当类间距为 5 时，14 位教师使用学习分析工具的方式被分为 4 类。其中，A、B、D、E、K 这 5 位教师为一类，这类教师都使用了学习分析工具，并给出了较多的干预。C、F、I、J、L、M、N 这 7 位教师为一类，这类教师也都使用了学习分析工具，给出的干预次数次之。教师 H 单独为一类，该教师没有使用学习分析工具，但给出的干预是最多的。教师 G 也单独为一类，该教师使用学习分析工具的次数最多，给出的干预较少。

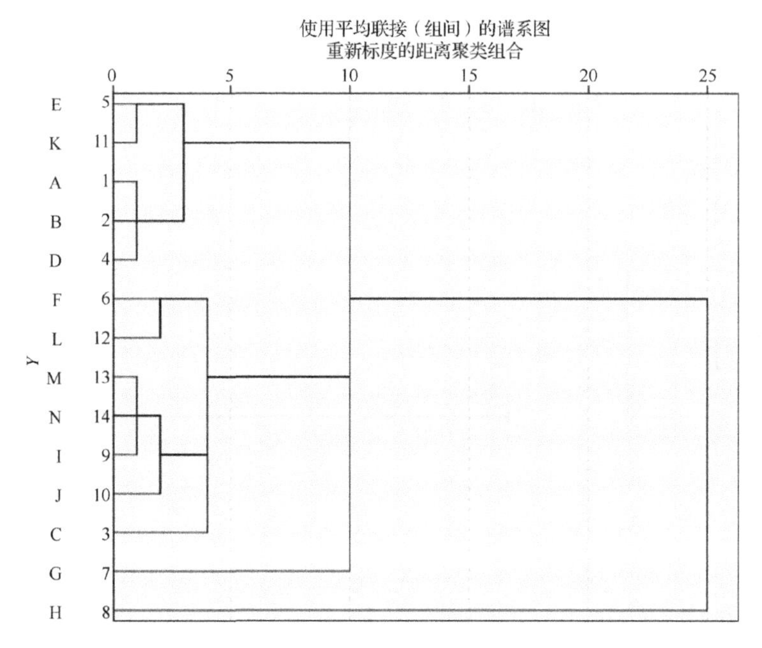

图 6-4　教师使用学习分析工具和干预的分层聚类结果

根据两次聚类结果，本研究选取了 4 位在使用学习分析工具方面具有代表性的教师，分别是教师 G、教师 H、教师 B、教师 F。其中，教师 G 在干预协作学习过程中使用学习分析工具的次数最多，但给出的干预并不多；教师 H 在干预协作学习时未使用学习分析工具，但给出的干预最多；教师 B 使用学习分析工具的次数居中，干预的次数较多；教师 F 使用学习分析工具的次数较少，给出的干预也较少。本研究将以这 4 位教师为典型，进一步分析教师利用学习分析工具来干预在线协作学习和给出干预内容的差异性。

研究者查看不同类型的教师使用学习分析工具的视频，统计各位教师结合学习分析工具给出的干预次数，统计结果如表 6-9 所示。其中，"干预界面"为教师切换到干预界面并给出干预的次数。教师在给予干预时需要将操作界面切换到干预界面，教师将界面切换到干预界面可能一次性给出多次干预。因此，教师给予干预的次数多于教师切换到干预界面的次数。

从各位教师结合学习分析工具给出干预的结果来看，教师 G 在干预在线协作学习时使用学习分析工具的次数最多，其切换到干预界面的次数为 30 次，前向来源为工具的次数为 25 次，结合工具的占比高达 83.33%。在访谈中，教师 G 提到，

"在给出干预前会查看工具，并结合小组协作学习的内容给出干预，大概 60%参考工具，40%参考帖子"，这说明其充分利用了学习分析工具的功能。结合聚类分析的结果，本研究将教师 G 作为深度使用工具的代表。

教师 B 和教师 F 都不同程度地将学习分析工具作为参考。其中，教师 B 切换到干预界面并给予干预的次数为 50 次，其前向来源为工具的次数为 16 次，结合工具的占比为 32.00%。教师 F 则 41 次切换到干预界面并给予干预，其中 7 次来源于学习分析工具的界面，结合工具的占比为 17.07%。教师 B 和教师 F 在访谈中都提到会结合学习分析工具来整体把握小组的知识进展和互动情况，并根据讨论内容来具体决定是否给出干预和如何干预。因此，本研究将教师 B 和教师 F 作为浅度使用工具的代表。

教师 H 在干预在线协作学习过程中未使用学习分析工具。在访谈中教师 H 说："在练习使用学习分析工具时发现同时监控 6 个小组压力比较大，一方面顾不及使用工具，另一方面解读工具呈现的可视化图表需要时间，所以不倾向于结合工具给出干预。"因此，教师 H 成为工具独立型教师的代表。综上所述，本研究按照使用工具的方式将教师分为工具深度使用型教师、工具浅度使用型教师和工具独立型教师。

表 6-9　各位教师结合学习分析工具给出的干预次数

教师	使用工具(次)	给予干预(次)	干预界面(次)	前向来源为工具(次)	结合工具的占比
教师 G	34	51	30	25	83.33%
教师 B	16	65	50	16	32.00%
教师 F	7	43	41	7	17.07%
教师 H	0	84	67	0	0.00%

6.3.3.3　不同类型教师的干预内容

本研究结合记录教师干预的视频和教师干预的内容，分析各类教师给出的干预的差异。本研究还分析了教师的访谈内容，试图探究各类教师使用学习分析工具的方式不同的原因。

1. 工具深度使用型教师

作为工具深度使用型教师的典型代表，教师 G 使用工具的次数最多，其干预关注点与干预对象的统计结果如表 6-10 所示。教师 G 关注各组及全班的时间占比为 9.0%～23.6%，对各组和全班都给予了干预。其在干预每组过程中都用到了学习分析工具，其中有 5 次是利用学习分析工具同时看多组的情况。综合来看，工具深度使用型的教师 G 对各组的关注和干预比较均衡。通过分析教师 G 给予各组的干预内容，可见教师 G 的干预关注点涉及小组协作学习的认知方面和社交方面。教师 G 对个人、小组和全班的干预次数分别为 9 次、36 次、6 次，这一结果说明教师 G 在对小组的整体协作学习进行干预的同时，也注重对个人个性化问题和全班共性问题的干预。在访谈中，教师 G 说："我除了注意参与积极的学习者，还会特意关注参与较少的学习者，并利用工具来分析个人水平上的表现，以给予针对个人的干预指导，也会总结多组存在的共性问题。"

表 6-10　教师 G 的干预关注点与干预对象的统计结果

教师G	时间占比(%)	干预界面（次）	工具使用（次）	干预关注点(次)				干预对象(次)		
				认知	元认知	社交	元社交	个人	小组	全班
1 组	18.0	6	8	0	4	1	1	0	6	0
2 组	23.6	7	6	4	3	3	3	4	9	0
3 组	13.3	5	5	3	0	2	1	2	4	0
4 组	10.2	3	1	3	0	4	0	3	4	0
5 组	9.0	3	1	6	0	0	1	0	7	0
6 组	16.4	5	8	0	2	3	1	0	6	0
全班	9.6	1	5	4	0	2	0	0	0	6

通过分析视频发现，在干预过程中教师 G 使用认知、行为、社交三方面工具的次数分别为 14 次、12 次、8 次。在关于工具应用建议的访谈中，教师 G 说："在工具支持下干预协作学习仍面临一定的困难，如通过查看认知方面的知识点覆盖图，不能直观地总结出学习者学习的进展，希望工具在呈现图表的同时也生成图表含义说明。"此外，教师 G 还提到学习分析工具存在的局限性，"发帖的数量只能部分反映学习者参与的积极性，却不能反映学习者的参与质量，工具可能适用于技术接受能力强的年轻教师。"教师熟练地使用学习分析工具并准确地解读可视化图表的含义存在难度，在实际应用中教师需要接受较长时间的培训，来确保有效地使用学习分析工具。

2. 工具浅度使用型教师

教师 B 是工具浅度使用型教师的典型代表，其干预关注点与干预对象的统计结果如表 6-11 所示。从表 6-11 中我们可以发现，教师 B 给予 5 组的关注时间较多（27.7%），对全班关注较少（2.2%），对其他组关注的时间占比为 10%～20%。其打开 5 组的干预界面的次数最多（14 次），而全班最少（1 次），其他小组为 6～8 次。教师 B 在干预 1 到 4 组时使用 2～6 次工具，没有利用工具查看多个小组的情况。教师 B 对各个小组的关注和使用工具的次数的差异较大，尤其对全班的关注时间仅占 2.2%。在访谈过程中，教师 B 给出的关注 5 组更多的原因是该组讨论较多，出现偏离主题的情况也比较多。通过分析教师 B 的干预关注点，可见教师 B 在认知方面的干预占 67.7%，干预其他方面较少。在干预对象方面，教师 B 给予小组的干预占 84.6%，给予个人和全班的干预相对较少，分别占 10.8%和 4.6%。总体上，教师 B 的干预次数较多，但给予各组的关注差异较大，同时干预关注点和干预对象的分布也不均衡。

表 6-11 教师 B 的干预关注点与干预对象的统计结果

教师 B	时间占比(%)	干预界面(次)	工具使用(次)	干预关注点(次)				干预对象(次)		
				认知	元认知	社交	元社交	个人	小组	全班
1 组	15.1	7	4	6	1	0	2	0	9	0
2 组	18.4	7	4	9	0	1	0	1	9	0
3 组	13.8	8	2	8	0	1	2	3	8	0
4 组	11	7	6	6	0	3	0	0	9	0
5 组	27.7	14	0	10	1	4	1	3	13	0
6 组	11.9	6	0	5	1	0	1	0	7	0
全班	2.2	1	0	2	0	1	0	0	0	3

通过分析教师 B 的视频，可见教师 B 使用认知、行为、社交三方面工具的次数分别为 10 次、3 次、3 次。在关于学习分析工具使用感受的访谈中，教师 B 提到，关注小组知识共建较多，因此主要使用认知方面的学习分析工具。其认为认知方面的可视化图表对教师干预的帮助较大，而行为方面的可视化图表对教师干预的帮助不大。比如，虽然我们能够观察到协作学习过程中的“陈述”行为占比很大，但不能得到学习者陈述的内容和质量。在对学习分析工具的建议方面，教师 B 说：“学习分析工具在呈现可视化图表的同时，还可以帮助教师解读图表的参数，来提高教师解读可视化图表的准确性，节省教师解读图表含义的时间。”

同样作为工具浅度使用型教师的典型代表，教师 F 给出的干预与教师 B 相似，其干预关注点与干预对象的统计结果如表 6-12 所示。教师 F 干预各组的时间占比为10%～21%，而给予全班的干预较少（2.1%）。其打开各组干预界面的次数比较均衡，打开全班干预界面的次数比其他教师更多。教师 F 使用了 7 次学习分析工具，次数较少，没有结合工具查看多组的情况。通过分析教师F的干预关注点，可见教师F在认知和元认知方面的干预占83.7%，仅干预一次协作学习的元社交。教师F在访谈中也提到比较关注协作学习的知识进展，在查看学习分析工具时也多查看认知方面的可视化图表。在干预对象方面，教师F给予个人、小组和全班的干预次数分别为9次、31次、3次，这一结果说明教师F不仅关注小组的协作学习情况，还关注个人的个性化问题和全班的共性问题。总体上，教师 F 干预各组和不同层次的对象的时间比较均衡，其在协作学习认知方面的干预较多，而在社交方面的干预较少。

表6-12　教师F的干预关注点与干预对象的统计结果

教师F	时间占比(%)	干预界面(次)	工具使用(次)	干预关注点(次)				干预对象(次)		
				认知	元认知	社交	元社交	个人	小组	全班
1组	11.7	4	0	3	0	1	0	3	1	0
2组	17.5	5	0	4	1	0	1	2	4	0
3组	16.2	8	1	6	1	2	0	3	6	0
4组	13.5	7	5	4	2	0	0	0	6	0
5组	18.6	9	1	6	2	2	0	1	9	0
6组	20.3	5	0	2	3	0	0	0	5	0
全班	2.1	3	0	1	1	1	0	0	0	3

通过分析教师F的视频，可见教师F使用认知、行为、社交三方面的学习分析工具的次数分别为2次、2次、2次。在关于学习分析工具使用感受的访谈中，教师F提到，通过使用学习分析工具在个人水平和小组水平上的可视化图表，发现利用学习分析工具更容易察觉小组水平上的问题；而在关注个人在协作学习中的表现时，查看讨论内容比查看个人水平上的可视化图表更容易发现问题。在对学习分析工具的建议方面，教师F指出当前学习分析工具需要在操作便捷性上进一步优化。

3. 工具独立型教师

教师H作为工具独立型教师的代表，在干预协作学习过程中未曾使用学习分析工具，但给出的干预次数最多。教师H的干预关注点与干预对象的统计结果如表6-13所示。教师H干预各组的时间占比基本呈递减趋势，给予各组的干预次数也有差距。根据对教师 H 干预关注点的分析，可见教师 H 给出的干预集中在认知方面（63.1%），教师 H 干预协作学习中社交调节方面的问题较少，仅占 7.1%。教师 H 对小组中个人表现的干预比其他教师多，占总干预次数的 36.9%。在访谈中教师 H 也提到会关注表现突出的学习者，并给予对应的干预。然而教师 H 未就全班的问题加以干预，在访谈过程中，教师 H 提到通过查看讨论内容可以发现各组存在的问题，但总结多组出现的共性问题比较困难。综合来看，教师 H 干预协作学习过程中认知方面的细节较多，而忽略了对协作学习中小组成员交互策略的指导。同时，教师 H 未使用工具查看各组的协作学习情况，认为总结多组共性问题的难度较大。

表 6-13　教师 H 的干预关注点与干预对象的统计结果

教师 H	时间占比 (%)	干预界面 (次)	工具使用 (次)	干预关注点(次)				干预对象(次)		
				认知	元认知	社交	元社交	个人	小组	全班
1 组	22.7	11	0	9	1	3	1	6	8	0
2 组	20.5	12	0	10	5	0	0	5	10	0
3 组	17.8	17	0	12	2	5	1	11	9	0
4 组	19.5	11	0	10	3	0	2	2	13	0
5 组	12.1	10	0	5	0	5	1	6	5	0
6 组	7.4	6	0	7	1	0	1	1	8	0
全班	0	0	0	0	0	0	0	0	0	0

通过分析视频发现，教师 H 在干预协作学习时未使用学习分析工具，但在进行总体评价时在很大程度上参考了学习分析工具。在访谈中教师 H 指出，在在线协作学习过程中，教师很难做到一边监控协作学习，一边查看学习分析工具并解读可视化图表的含义；但是，在在线协作学习结束后为教师提供学习分析工具，将有助于教师反思教学过程，优化教学。此外，教师 H 还肯定了学习分析工具在认知、行为和社交这三方面的作用，认为其对教师评价在线协作学习过程具有重要作用，在未来应用中应注意锻炼教师解读可视化图表的能力。

4. 教师对学习分析工具的接受度

为了调研教师对学习分析工具的接受度，在实验结束后，研究者请实验组教师填写了学习分析工具接受度问卷。研究者共发放了 19 份问卷，全部有效收回。实验组教师对学习分析工具接受度的统计结果如表 6-14 所示。研究者从功能评价、有用性、易用性及乐用性四个维度就教师对学习分析工具的接受度进行问卷调查。结果显示，教师在各维度上的评分平均值都在 3.5 分左右，说明实验组教师对学习分析工具有较高的接受度。在功能评价、有用性及乐用性维度上，教师评分大于 4 分的占比均不低于 60%；在易用性维度上，教师评分大于 4 分的占比不足 50%，并且平均值也较其他维度低。

表 6-14　实验组教师对学习分析工具接受度的统计结果

维度	平均值	标准差	赞同/非常赞同的占比
功能评价	3.65	0.95	61.58%
有用性	3.66	0.99	60.00%
易用性	3.46	1.04	47.37%
乐用性	3.71	1.09	60.53%

本研究进一步分析了教师对学习分析工具认知、行为、社交这三个维度的功能的评分，来探究教师对学习分析工具不同功能的接受度。实验组教师对学习分析工具功能评价的统计结果如表 6-15 所示。结果显示，实验组教师对学习分析工具认知、行为、社交三个维度的功能的评分均高于 3.5 分，说明实验组教师对学习分析工具各维度的功能比较认可。具体来说，实验组教师对社交维度的功能的评分最高，对行为维度的功能的评分最低。同时，实验组教师对认知和社交维度的功能的评分高于 4 分的占比均高于 60%（认知：63.16%；社交：71.93%），而对行为维度的功能的评分高于 4 分的占比不足 50%。研究者利用配对样本 t 检验来探究不同维度的差异性，得出实验组教师对社交和行为维度的功能的评分具有显著差异，即实验组教师对学习分析工具社交维度的功能的接受度高于行为维度的功能的接受度（t=3.396，p=0.003<0.01）。

表 6-15　实验组教师对学习分析工具功能评价的统计结果

维度	平均值	标准差	赞同/非常赞同的占比	不同维度差异性检验（t）		
				认知	行为	社交
认知	3.58	0.97	63.16%			
行为	3.53	0.93	49.12%	0.394		
社交	3.86	0.91	71.93%	1.521	3.396**	

注：**表示 p<0.01。

6.4 研究结论与教学启示

6.4.1 学习分析工具对教师干预的影响

6.4.1.1 学习分析工具有助于教师及时了解学习者的认知进展

通过对比实验组和控制组教师的干预关注点，研究者发现在认知方面，实验组教师的干预次数显著多于控制组教师。这一结果与以往的研究有所出入，Leeuwen 等发现有工具支持的教师对协作学习中认知进展的干预多于没有工具支持的教师，但无显著差异。以往的研究采用的学习分析工具仅为教师标出了在协作学习中提及的关键概念和协同编辑的字数。教师仍需要花费大量的时间与精力理解协作学习的内容，才能发现认知方面的问题。概念理解错误、偏离主题等都隐藏在协作学习语义中，简单地统计协作学习的内容而未做分析，难以起到辅助教师的作用。本研究采用学习分析工具 KBS-T 深入挖掘协作学习的语义，呈现了协作学习的话题相关度、知识覆盖度等的可视化图表，有助于教师了解协作学习的任务进展和知识共建水平。因此，本研究的结果与以往研究的结果有差异。

在访谈中，教师提及结合学习分析工具和协作学习的内容，可以比较快地定位协作学习中出现的问题，并提供相应的干预。由此可见，学习分析工具能够可视化地呈现各组知识共建和任务解决的进展，可支持教师及时发现认知方面的问题并给予恰当的干预。教师及时关注各组在认知方面的进展，可发现学习者在知识理解和任务解决中出现的问题，并给予恰当的干预，这有助于引导小组高效地协作学习。因此，学习分析工具通过深入挖掘协作学习语义来支持教师，帮助教师了解各组的知识共建水平，对提高协作学习质量具有重要意义。

6.4.1.2 学习分析工具有助于教师有针对性地干预学习者的学习

通过对比实验组和控制组教师的干预对象，研究者发现实验组教师针对个人的干预次数显著多于控制组教师。在真实的协作学习教学实践中，教师更多地关注协作学习的整体效果，而忽略个人的学习表现，这可能导致教师给出的干预不具备针对性。小组成员的表现影响着小组整体的协作学习效果，教师适度地关注个人在协作学习上的表现并及时地给予干预，有助于提高协作学习质量。

本研究结果显示，在学习分析工具 KBS-T 的支持下，教师会更多地关注个人在协作学习中的表现并给出干预。通过访谈可知，教师会利用学习分析工具在个人水平上的分析结果，并结合学习内容，来关注个人在协作学习中的表现。这一结果体现了学习分析工具在个人水平上的学习分析结果，有助于教师给出更具针对性的干预，对保证协作学习效果具有重要作用。

6.4.1.3 学习分析工具有助于教师采用更恰当的干预方式

通过对比实验组和控制组教师的干预方式，研究者发现实验组教师采用提示和指导的方式进行干预的次数显著多于控制组教师。已有研究指出教师的干预方式除了受教师个人教学经验和教学风格的影响，还与教师对学习情境、学习者学习情况的了解程度有关。在采用提示和指导的方式进行干预前，教师需要充分了解协作学习的情况。

本研究发现，在学习分析工具 KBS-T 的支持下，教师采用提示和指导的方式的次数明显增加，这说明学习分析工具的支持有助于教师了解在线协作学习情况。教师采用提示和指导的方式干预在线协作学习，有助于促进学习者积极思考和参与活动。在学习分析工具 KBS-T 的支持下，教师更多地采用提示和指导的方式干预各组的协作学习，有助于激发学习者参与学习的积极性。此外，本研究还发现实验组教师以鼓励的方式对协作学习加以干预的次数多于控制组教师，而控制组教师以批评的方式对协作学习加以干预的次数多于实验组教师。采用鼓励的方式对协作学习加以干预，有助于激发学习者的协作学习动机，而采用批评的方式则反之。

由此得出，学习分析工具的支持有助于教师监控在线协作学习情况，进而采用更恰当的干预方式。教师采用恰当的干预方式来引导各组的在线协作学习，对于促进学习者参与学习活动、积极思考，提升在线协作学习质量具有重要意义。

6.4.1.4 学习分析工具有助于教师关注不同层次学习者的学习表现

为了探究教师使用学习分析工具的方式对教师干预的影响，本研究分析了教

师结合学习分析工具干预在线协作学习的过程。研究者选取了四位典型代表进行案例分析，发现教师使用工具的方式不同，给出的干预也有差异。

工具深度使用型的教师 G 综合运用了学习分析工具，来查看各组及其成员在不同维度上的表现，其给出的干预内容涉及认知、元认知、社交和元社交不同方面的问题。该教师给予各组的关注相对均衡，给出的干预不仅关注小组整体的协作学习效果，还关注个体的个性化问题和多组的共性问题。

工具浅度使用型的教师 B 同样使用了学习分析工具三维度的功能，但其主要使用的是认知维度的功能。教师 B 给出的干预次数较多，但主要集中在认知维度，社交维度的干预较少。其给予各组的关注度差异较大，干预对象也局限在小组水平，没有总结全班的共性问题。

同为工具浅度使用型的教师 F 只使用了六次学习分析工具，给予的干预更多地关注认知维度的问题，缺乏对认知策略和社交维度的关注。教师 F 给予各组的干预比较均衡，也注重对个性化问题和共性问题的干预。

作为工具独立型教师的代表，教师 H 给出干预的次数最多，在干预过程中未参考学习分析工具。其给出的干预绝大多数都集中在认知维度，忽略了学习者在社交维度的表现。同时，教师 H 给各组的关注时间不平均，没有总结多组的共性问题并加以干预。

研究者指出，在在线协作学习中，小组的知识共建与协作配合，即小组在认知、元认知、社交、元社交方面的表现，对协作学习效果具有重要影响，教师应全面关注小组的协作学习表现。研究者通过分析不同类型的教师给出的干预，发现工具深度使用型教师给出的干预关注到了学习者在认知维度和社交维度的表现；工具浅度使用型和工具独立型的教师给出的干预都集中在了认知维度，而忽略了对社交维度的关注。此外，在在线协作学习过程中，教师应注重对个性化问题的处理和对共性问题的总结，关注不同层次学习者的表现。其中，工具深度使用型教师相对均衡地关注到了各组及其成员的表现；而工具浅度使用型教师对各组的关注差异大，不注重对个性化问题的处理和对共性问题的总结；工具独立型教师给出的干预主要集中在小组水平的知识进展上，缺乏对不同学习者不同维度的关注。由此说明，学习分析工具 KBS-T 有助于教师均衡地关注不同层次的学习者在不同维度的表现。

6.4.2 学习分析工具对教师评价的影响

6.4.2.1 学习分析工具使得教师更为严格地评价小组的学习表现

通过对比实验组和控制组教师对各组学习表现的评分，研究者发现实验组教师对各组在不同维度上学习表现的评分都低于控制组教师。在学习分析工具支持下的教师对各组协作学习表现的评分显著低于没有工具支持的教师给出的评分。以往的研究也发现，在学习分析工具支持下的教师更能发现协作学习中存在的问题，体现在最终评分显著低于没有学习分析工具支持的教师给出的评分。由此表明，学习分析工具可视化地呈现学习者的协作学习表现，有助于教师发现各组在协作学习中出现的问题，进而在评分阶段表现得更为严格。

6.4.2.2 多维学习分析工具对教师的评价关注点无明显影响

通过对比两组教师评价在线协作学习时的关注点，研究者发现有无学习分析工具对教师的评价关注点无显著影响。这一研究结果与以往的研究结果相矛盾，以往的研究表明，学习分析工具对教师整体的评价关注点有显著影响。本研究为教师提供认知方面的学习分析工具，在该工具支持下的教师关注社交评价的次数多于没有工具支持的教师，但是并没有显著差异；在该工具支持下的教师关注认知评价的次数多于没有工具支持的教师，但无显著差异。在该研究中，实验组教师在认知维度评价的次数虽然没有显著多于控制组教师，但提高了对认知维度的关注度，对后期改进教学活动、优化教学内容具有重要意义。

研究结果显示，虽然两组教师的评价关注点无显著差异，但与以往的研究结果一样，实验组教师关注学习者在认知维度的表现多于控制组教师。本研究结果与以往的研究结果有出入的原因，可能是本研究提供的学习分析工具 KBS-T 呈现了学习者多维度的学习表现。在多维学习分析工具 KBS-T 的支持下，教师会关注协作学习表现的各个维度，使得评价关注点不会在某一维度上显著变化。通过查看教师使用学习分析工具的过程，研究者发现教师利用学习分析工具 KBS-T 来查看学习者在不同维度的学习表现。在访谈中，教师提到会利用学习分析工具查看学习者在各个维度的表现，并给予相应的评价。虽然本研究结果显示学习分析工具对教师的评价关注点没有显著影响，但教师依然认同学习分析工具对评价的支持作用。

6.4.2.3　学习分析工具有助于教师评价各组学习表现的差异

通过对比两组教师对各组的学习表现采用的评价方式，研究者发现有学习分析工具支持的教师采用“组间比较”进行评价的次数显著多于没有学习分析工具支持的教师。这说明在学习分析工具的支持下，教师会在小组水平上同时查看多组的学习表现，直观地对比各组的学习表现，进而采用“组间比较”的评价方式。通过分析访谈内容，研究者发现教师会利用学习分析工具来比较各组学习者的学习表现，比较各组学习者在协作学习中不同方面的表现，从而更清楚地了解各组学习者的学习表现。教师提到，通过应用学习分析工具比较了小组间的话题相关度，看到有的小组的话题相关度很低，就可以知道该组出现跑题的问题较为严重；通过查看各组协作的行为模式，看到有的小组在协作学习过程中陈述和协商的行为占比高于其他小组，就知道该小组的进展较慢。

对比以往的研究发现，教师的评价方式无显著变化，实验组教师同控制组教师一样，采用“描述”的方式来评价小组学习表现的次数超过总评价次数的 80%，主要通过复述小组学习者在协作学习中提及的概念、话语等具体信息来进行评价，缺乏对小组学习表现的概括。本研究还发现，教师采用“比较”的方式对学习者的学习表现进行评价的次数占总评价次数的 50%以上。本研究结果与以往的研究结果有差异的原因，可能在于在本研究中实验组教师可以通过使用学习分析工具从个人水平和小组水平上分别查看多人或多组的学习表现。而以往的研究只为教师提供小组水平上的学习表现，使得教师无法比较学习者的学习表现，也不能对比小组及其成员的学习进展。在学习分析工具的支持下，教师可以通过工具的“比较”功能来对比不同学习者的学习表现，查看学习者的学习进展。这样有助于教师总结、概括学习者的学习表现，发现各组在协作学习中遇到的细节问题，更具体地评价各组的协作学习表现。

6.4.3　教师对学习分析工具的接受度和建议

6.4.3.1　在设计开发阶段应注重学习分析工具的易用性

本研究统计了两组教师的认知负荷，来探究有无学习分析工具的支持对教师的认知负荷的影响。结果表明，两组教师的认知负荷都处于较高水平，在不同维度上无显著差异。这也说明学习分析工具不会增加教师的认知负荷，这与以往的研究结果一致。其原因在于，两组教师都尽力兼顾多组的协作学习表现，给予学习者恰当的支持。从描述性统计结果来看，研究者发现实验组教师在中枢处理资源、响应资源及空间编码资源上的认知负荷小于控制组教师，这说明学习分析工具为教师直观展示各小组在知识进展和协作配合方面的表现，有助于减少教师阅读讨论内容的负荷。实验组教师在语言编码资源、视觉接收资源和操作资源三个维度上的认知负荷大于控制组教师，这意味着解读图表含义和操作学习分析工具增加了教师的认知负荷。因此，在学习分析工具的设计开发阶段，研究者应注意操作的简约性和图表的易读性。

研究者通过分析教师使用学习分析工具的过程，发现在干预在线协作学习时，教师主要使用的是学习分析工具认知维度的功能；在评价在线协作学习时，教师使用了学习分析工具多维度的功能。通过进行学习分析工具的接受度调研，研究者发现教师使用学习分析工具认知维度的功能的次数最多，评分最低；而使用学习分析工具社交维度的功能的次数最少，评分最高。研究者通过分析访谈内容，发现教师不能快速解读学习分析工具在认知维度呈现的可视化图表的含义，但是对其在社交维度呈现的可视化图表一目了然。由此说明在学习分析工具的设计开发阶段，研究者除了应注重工具的有用性，还应注重工具的易用性。

6.4.3.2 教师为学习分析工具优化提供的建议

为了深入了解教师使用学习分析工具时的感受和对优化学习分析工具的建议，研究者进一步分析了教师的访谈内容，整理了教师对学习分析工具不同功能的评价和建议。

在学习分析工具的认知维度，教师提到，通过学习分析工具的可视化呈现，可以看到学习者讨论内容的话题相关度，可直观地了解各组的讨论有没有跑题；通过知识覆盖度的可视化呈现可看出各组是否将所学知识运用到任务解决中。标签云体现的内容只是学习者讨论中的关键词，并不具备语义含义，因此无法反映出学习者是否真正理解并应用了相关概念，教师还需要查看讨论的内容。结合教师对学习分析工具认知维度的功能的使用和评价，可知在在线协作学习过程中，教师亟须进行认知维度的学习分析，期待工具能直观地反映各组的协作学习表现。

在学习分析工具的行为维度，教师提到会运用该维度的功能查看学习者是否长时间处于争论状态，如果发现该问题便及时给予干预。也有教师指出，学习分析工具在行为维度提供的是学习者学习行为的占比图，仅通过该图无法判断当前学习者的学习状态，但教师很认同学习分析工具在行为维度的功能对整体评价的帮助。当通过观察可视化图表发现学习者的行为一直是提出观点，没有商量、辩论等时，可以判断该组的协作学习可能存在未深入讨论的问题。由此也说明，教师希望学习分析工具能实时呈现学习者的学习表现，以准确地判断是否应给出干预。

在学习分析工具的社交维度，教师使用该维度的功能的次数不多，但给出的评分最高。教师在访谈中肯定了学习分析工具在社交维度的功能。有教师提到，通过帖子数量可以了解各组及其成员参与讨论的积极性；通过社交网络图可以直观地看到处于边缘的学习者并给予恰当的干预，也可以发现处于中心的学习者并给予关注。由此可见，教师对简约、凝练的可视化图表的接受度更高。

综合访谈内容，研究者总结了教师对学习分析工具优化的建议：（1）希望学习分析工具具有自动预警的功能，这样一方面避免教师错过各组在协作学习中遇到的问题，另一方面帮助教师及时关注问题并给予恰当的干预；（2）希望学习分析工具的交互更人性化，本研究使用的学习分析工具需要切换窗口，希望未来的学习分析工具能够展示得更直观、操作更简单，减少教师的工作量；（3）希望学习分析工具在呈现可视化图表时可自动生成对图表的解释，帮助教师解读各组协作学习的情况，减轻教师解读图表的工作负荷。

第7章

在线协作学习中交互分析的多元探索——社会调节学习

在在线环境中为学习者提供同步或异步的讨论工具、协同编辑工具、学习管理系统工具等，能够在一定程度上缓解在线协作学习给学习者带来的挑战。然而对学习者提供的这些外部支持，难以促进学习者从自身视角出发，主动识别协作学习活动中的问题，并寻找外部学习支持。进一步，在协作小组内部，小组成员们往往具有不同的认知水平，成员参与协作学习活动的动机也多种多样，在协作学习活动中采用的技巧和策略也存在较大差异。在此背景下，调节学习（Regulation of Learning）理论的出现，为破解在线协作学习中上述难解之题提供了良好的对策。

社会调节学习已经被多次证实在协作学习过程中起关键作用。例如，协作成果的得分与学习者的计划、监控行为之间存在正向相关的关系；又如，对于计划和监控等社会调节行为进行得更频繁的协作小组，其小组成员往往也对协作任务有着更加深入的思考。尽管社会调节学习能够在一定程度上阐释小组成员在协作学习过程中出现的认知、交互、情感等多方面的问题，优化协作学习过程，提升协作小组整体的学习表现，但是社会调节学习及整个调节学习理论在协作学习情境中的实证研究仍然属于新生事物，其背后还存在诸多谜团有待我们去探索。因此，本章将聚焦协作学习情境中的一个全新而有趣的问题，即个人的自我调节水平如何影响并作用于其所在协作小组的社会调节水平。

7.1 在线协作学习中的调节学习

7.1.1 自我调节学习的研究现状

自我调节学习于 20 世纪 80 年代被提出，其大背景是美国对三次教育改革运动的反思。三次教育改革运动从心理能力运动到消除贫困运动，再到课程标准改革运动，强调了心理能力、家庭背景、学校教育标准对学习者的学业成就的影响，却忽略了学习者本身的主观能动性，把学习者更多地看成学习活动的被动接受者，而非主动参与者。后来，人们越来越意识到智力因素和外部环境因素并不能完全解释学习者在学业成就上的差异，于是有研究者开始关注影响学业成就的内部因素，即学习者自身所具备的某些特质。

自我调节学习的概念是由 Zimmerman 在班杜拉的社会认知理论的基础之上提出的，是指学习者为了促进个人的学习进步，在认知、元认知、动机、情感和环境多方面进行调节的过程，一般包括设定目标、制订计划、监控和评价四个阶段。Zimmerman 进一步构建了自我调节学习的三维模型，该模型将自我调节学习视作一个由个人、环境和行为三者相互作用决定的复杂系统。自我调节学习不仅由个人内部因素决定，同时还受到外部环境和行为过程的影响，而且三个维度之间相互作用、相互影响。这些相互作用和相互影响致使学习者会在不同的学习情境中表现出不同的自我调节行为。早期研究者在探究自我调节学习时多集中在对传统的面对面学习情境的研究，关注学习者的内部因素和外部环境对自我调节学习的影响，并开展了一系列的实证研究，挖掘多种影响因素背后的作用机制。研究发现，在自我调节学习过程中，学习者自己制定的学习目标、自我效能感和自我调节学习策略是三个重要成分。自我效能感是指学习者对自己能否实施某一行为能力的推测和判断，自我调节学习策略是指学习者为达到学习目标而采取的一些措施和操作，如寻求帮助、复述学习内容等方法。因此，对于那些能够自己设定学习目标，相信自己能够通过灵活使用多种自我调节学习策略来达成学习目标的学习者，我们称之为“自我调节学习者”。

研究者从自我调节学习已有的研究中发现，能力较强的自我调节学习者会深入分析和思考任务的内容和性质，并在分析和思考的过程中积极而灵活地设置与任务相匹配的目标，这些目标往往是一系列子目标的集合而非单个的大目标。他们会对自己的学习负责，密切地监控学习过程，并注意观察自身的学习动机。当学习动机不足时，他们知道采用有效的手段去调节，在学习过程中保持较为良好且稳定的学习状态，进而取得较好的学业成就，并实现自我设定的一系列目标。

Cho 等发现在在线学习环境中，自我效能感与自我调节正向相关，自我调节学习者的自我效能感越好，其元认知调节能力越强。因为自我调节学习者在整个学习过程中是积极的主体，他们的每一次学习不仅仅是教师或者外界分派的任务，还是自己对整个学习过程的一种规划。当他们的每一次学习都是在自己的积极主动中进行时，他们自身对学习的领悟和把握也会越来越有方向和力度，从而使自己在下一次的学习任务中表现得更具有主体性，也更明白该如何学习。

Greene 等发现在基于网络环境的科学课程中，自我调节学习影响着学习者对概念知识的获取，并且自我调节水平与学业成绩显著正向相关。自我调节学习者在整个学习过程中处于主体地位，使得他们从被动的知识接受者成为学习的主人，他们会主动地扩展学习范围，积极地寻求同伴和教师的帮助，主动对自我学习状态和结果进行实时评估和校正。

Barnard 通过研究发现在线调节学习行为与学习成绩之间不是密切正相关的关系，其是学习者对在线课程的态度与协作小组成绩之间重要的变量，即水平较高的自我调节学习者会更加主动地在小组协作中表达自己的态度。这种态度不局限于对所学学科内容性知识的态度，还包括对在线课程的看法，同时这种看法往往是正面的。因此当他们主动地向小组同伴传递这些正面的态度时，整个小组的协作表现会得到促进，小组成员也会以一种积极正面的状态开展协作活动，共同创造理想的协作学习成果。

如今随着信息技术的发展，借助计算机技术来训练和提升学习者的自我调节能力，是调节学习领域中出现的一大研究热点，如自我调节系统的设计、自我调节管理系统的设计、支架式自我调节系统的设计等，为学习者提供了可以进行自我调节能力训练的情境，能让其通过反复的自我调节能力训练实现自我调节能力的提升。综上所述，在在线学习环境中，对自我调节能力的研究从自我调节能力对学习成绩的影响，拓展到如何利用工具支持和训练自我调节能力、培养自我调节能力。随着研究的深入和研究所涉及的相关因素的拓展，对自我调节能力的研究极大地推动了在线协作学习的纵深发展。

7.1.2　社会调节学习的研究现状

在协作学习过程中，学习者不仅会进行自我调节学习，还会自然而然地参与社会调节学习。随着协作学习理论和实践被各个学段的广大师生接受并采纳，与协作学习存在关联的社会调节学习也逐渐受到人们的关注。在社会调节学习研究领域，许多学者对社会调节学习进行了深入的探讨，并提出了不同的社会调节学习模型。与自我调节学习的过程相似，社会调节学习的过程总的来说至少包含任务导读、执行和评价三个阶段。随着近年来对社会调节学习研究的深入，其过程模型也日益丰富。比如，Winne 和 Hadwin 提出的四阶段社会调节过程模型，包括任务理解、目标设定和计划、实施策略及评价；Hadwin 在前一个模型的基础上，指明监控同样具有社会属性，由此进一步完善了前一个模型，提出新的四阶段社会调节过程模型——任务理解、目标设定和计划、监控及评价；Rogat 等在 Hadwin 完善后的模型的基础之上，对其中的过程进一步细化，提出每个过程的具体行为，如计划过程包括制订计划、设定目标和分工，监控过程包括内容监控和任务监控，评价过程包括任务评价和内容评价；Schoor 等认为小组在协作学习过程中应该有控制过程，以及各个过程之间应该存在沟通协商，基于该视角，他提出了一个新的社会调节过程模型，其包括任务导读、制订计划、实施方案、评价、监控和控制；Grau 等认为在协作学习过程中，学习者会对所给任务做出一些调整，因此他们在已有的社会调节过程模型中加入了调整，提出了包括计划、监控、调整和评价四阶段的社会调节过程模型。本研究将基于 Grau 等提出的社会调节过程模型，对在线协作英语阅读活动中学习者的社会调节学习进行分析。

在已有的相关研究中，协作学习情境中的社会调节学习主要有两种形式：同伴调节学习（Co-regulation of Learning，CoRL）和集体调节学习（Socially Shared Regulation of Learning，SSRL）。同伴调节学习源于社会认知理论——与同伴的社会交互会促进个人的认知，一般指协作学习过程中个体对他人的动机、情感、认知和元认知等方面的影响，主要指在协作学习中个体的学习活动被他人引导、限定和约束的过程。为了进行同伴调节学习，小组成员需要熟悉协作学习中其他成员的目标、计划和策略。目前关于同伴调节学习的研究相对较少，Zheng 等通过实证研究探索了协作学习中学习者的情感与同伴调节策略之间的关系，以及情感、同伴调节学习和小组成绩三者之间的因果关系，结果发现积极的情绪与同伴调节学习中的任务理解、执行和评价显著相关。Volet 等通过对三个小组在完成医学任务过程中面对面的视频讨论进行编码，确定各组高水平的同伴调节过程（知识建构、关于任务内容的交互等）和较低水平的同伴调节过程（区分基本事实、逐字阅读已有概念），以及高水平的同伴调节过程如何出现和保持，结果发现高水平的同伴调节过程往往通过提问、解释性表达、总结或者建议，以及举例说明、假设和分享积极情绪等来维持。

集体调节学习是指协作小组成员平等地、互补地来监控和监管整个学习任务。Hadwin 等将这一概念定义为“一种由多个成员调节整个组的协作学习活动的过程，包括小组共同设定目标、制订学习计划、寻找解决问题的策略”。关于集体调节学习的研究主要有两方面：一方面是对集体调节学习的过程的研究和对过程中的行为序列的研究；另一方面是利用信息技术工具辅助学习者进行集体调节。目前对集体调节学习的研究方法主要有过程挖掘方法和时间序列分析法。Schoor 等通过采取过程挖掘方法分析成绩不同的小组在社会调节学习上的差异，结果发现成绩不同的小组在社会调节行为出现的频率上没有明显差异。同样，Perera 等也发现社会调节行为出现的频率和行为序列、学习成绩之间不是显著的正相关关系。随后，Malmberg 等对在线协作学习情境中学习者会遇到的挑战类型，以及为应对挑战所使用的集体调节策略进行了探究，结果发现在课程的不同阶段，集体调节学习的焦点逐渐由应对外部困难（时间管理、物理环境和信息技术的使用等）转向应对认知和动机方面的困难。Ucan 和 Webb 通过分析两个协作小组的视频和访谈内容，确定社会调节学习（同伴调节学习和集体调节学习）是在什么时候出现的以及是如何出现的，结果发现同伴调节学习和集体调节学习经常在特定的时间点出现，高质量的交互与同伴调节学习、集体调节学习的元认知之间存在联系，并强调了学习者在协作学习过程中并行使用多种调节过程的重要性。信息技术支持学习者进行集体调节学习，主要是在协作学习过程中加入一些辅助工具，帮助学习者进行集体调节。Miller 和 Hadwin 设计了脚本工具（Script Tool）和群体感知工具（Group Awareness Tool），用于支持协作学习中的集体调节。Järvelä 等设计了 VCRI 环境中的 OurPlanner、OurEvaluator 和 Radar，可以让协作小组成员一起进行计划设定、自我评价和同伴评价等，用于支持和促进 CSCL 小组的集体调节学习。表 7-1 所示为对社会调节学习的实证研究进行的总结。

个人自我调节学习的水平也与他们所参与的协作过程中的社会调节学习有联系。比如，Hadwin 等认为只要学习者投入小组共同的任务中，就会表现出自我调节、同伴调节或集体调节。Grau 和 Whitebread 对学习者的协作学习过程既进行了个人的自我调节学习的编码，又进行了小组的社会调节学习的编码，结果发现学习者会在交互中产生社会调节行为，揭示了在调节过程中个人和社会之间存在非常紧密的联系。Panadero 等采用 MSLQ 问卷（Motivated Strategies for Learning Questionnaire）和 CSCL 工具（Radar、OurPlanner and OurEvaluator）探索了协作学习情境中自我调节学习和社会调节学习之间的关系，发现有着较高水平的自我调节行为的小组表现出了更高水平的社会调节行为。这个结果支持了关于二者之间正向相关的假设。然而，由于其采用的 CSCL 工具要求学习者以写随笔的方式来陈述个人的想法，在研究过程中学习者表现出对回答类似问题的抗拒（如学习者回答“我们做了期望我们做的事情”），使得学习者回答的数据并不能很好地反映社会调节学习的状态。此外，由于在协作学习过程中仅仅有限地监测了学习者的社会调节行为，故它并不能细致地反映整个过程。因此，研究者仍然需要进一步搜集并分析调节过程中的数据，来更清晰地揭示协作情境中的社会调节学习。

表 7-1　对社会调节学习的实证研究进行的总结

研究者	研究焦点	研究方法	研究结论
Schoor & Bannert	探究 CSCL 中社会调节过程的行为序列及其与小组成绩之间的关系	过程挖掘方法	成绩高低组之间在调节活动的频率和过程模式上无明显差异
Malmberg et al.	探究在 CSCL 中，小组集体调节学习的过程，以及小组如何通过集体调节来面对遇到的困难	行为序列分析	成绩好的小组在学习过程中主要调节认知方面的问题，而成绩差的小组主要调节外部问题

续表

研究者	研究焦点	研究方法	研究结论
Ucan & Webb	在协作学习中社会调节学习何时出现及其如何出现	主题分析	社会调节学习由特定的事件引起，并且与学习成绩正相关
Miller et al.	群体感知工具、脚本工具、OurPlanner、OurEvaluator 等工具对社会调节学习的作用	层次分析法	工具可以辅助协作小组进行集体调节学习，如设定目标、制订计划等，帮助学习者之间互相了解
Järvelä et al.	探究自我调节学习和社会调节学习是否对协作成绩有影响	时间序列分析法	协作成绩好的小组会有多元调节过程，出现较多的集体调节
Ucan	在协作学习活动中，自我调节学习和社会调节学习随着时间推移的变化情况	案例研究	随着任务的开展，小组中会出现越来越多的集体调节学习，同伴调节学习没有明显变化
Zheng & Huang	情感对同伴调节学习的影响	相关分析	积极的情感与同伴调节学习中的任务理解、执行任务和评价显著正向相关
Lee et al.	探究医学学习者在基于项目的学习中，如何通过同伴调节学习掌握传达坏消息给病人的方法	个案研究 数据挖掘 对话分析	当不断精炼和提升协同知识建构时，特定类型的问题会反复地出现在同伴调节学习过程中

7.2 研究设计与方法

综合已有研究来看，为了获得成功的协作学习，学习者有必要参与到不同形式的调节学习（自我调节学习和社会调节学习）中。然而目前人们对协作学习中学习者的自我调节学习和社会调节学习之间的关系缺乏清晰的认识，研究者将在在线英语协作阅读学习中，对学习者的自我调节学习与小组的社会调节学习开展实证研究，以期进一步揭示学习者的自我调节学习与小组的社会调节学习之间的关系。

7.2.1　研究场景

本研究在北京市某所综合性大学开展，该校对学习者的培养要求是大学本科生至少要有两年半的英语学习时间。同时，鼓励教师将信息技术整合到英语教学中。因此该校在信息技术与英语课程整合领域已有多年的传统和经验，为研究的顺利开展提供了良好的条件。

本研究依托该校一门由外语学院开设的英语精读课开展，此课程是一门为期 16 周的必修课，教学对象是非英语专业的大学二年级本科生。学习者需要根据课程安排，参与每周一次大约 100 分钟的面对面传统课程，并完成每两周一次的在线英语协作阅读学习。该课程特别重视让学习者通过阅读权威英文材料来扩大词汇量、积累语法知识和典型句型，帮助学习者找到学习英语的有效方法，提高学习者的阅读能力和写作能力。

7.2.2　研究对象

共有 95 名本科二年级的学习者参与本研究，他们的平均年龄为 19～20 岁。学习者大部分来自计算机科学、信息与通信技术和电子商务等专业，其中有 65 名男生和 30 名女生。

本研究采用随机分组的方式，将所有学习者分为 19 组，每组 5 人。为了提高学习者的参与度，在整个学习过程中，分组固定不变。所有参与到本研究中的学习者已经有长达 6 年的英语学习经历，通过了各个学段的英语能力测试，具有基本的英语基础知识和学习能力，代表了大多数非英语专业学习者的英语水平。

7.2.3　实验设计

本研究中的在线英语协作阅读学习活动采用英语阅读教学沿用已久的阅读圈（Reading Circles，或称 Literature Circles）展开。Shelton-Strong 将阅读圈定义为“以同侪为主导的讨论小组，小组成员分别以不同的角色共同阅读同一篇阅读材料，每个角色完成阅读材料某一方面（如词汇、语法、内容与文化衔接）的报告，小组最终形成一份关于该阅读材料的全面阅读报告”。在教学实践中，这种协作阅读的教学方式能为学习者提供交互式和协作式的阅读氛围，创造有利于学习者阅读学习的情境。另外，阅读圈主要基于 Moodle 平台中的协同编辑工具 wiki 和即时通信工具腾讯 QQ 开展。鉴于 wiki 具有良好的协同编辑功能，较多教育研究者和教学实践者都提倡使用 wiki 开展阅读圈活动，认为它便于提高学习者的活动参与度，激发学习者的学习动机。阅读圈中每个角色的任务如下。

（1）Discussion Leader（DL）：阅读学习材料，从学习材料中提取有价值的问题，同时带领小组成员对问题进行讨论。其他成员不仅要参与讨论，还要形成自己的观点和看法，给出问题答案。DL 对小组讨论的结果进行总结，将其作为阅读报告的一部分。

（2）Word Master（WM）：阅读学习材料，从学习材料中找出本单元重难点词汇，对词汇进行解释。拓展所选取词汇的知识，包括单词形式、常用词组、写例句，最后写一段文字，作为阅读报告的一部分。

（3）Passage Person（PP）：从学习材料中选择长难句、特定语法结构的句子，翻译并解释句子的内容。

（4）Summarizer（S）：阅读给出的学习材料，提出其主题和中心思想，并对其进行总结。

（5）Culture Connector（CC）：将给出的学习材料与现实生活联系，进行内容拓展。

本研究共开展了五次阅读圈活动，学习材料均来自课堂教材，符合大学生英语课程标准。每篇学习材料大概有 1200 字，涉及不同的主题，内容丰富。五次阅读圈活动的学习材料在话题的熟悉度，词汇、语法和句子的复杂程度上均处于同等水平。五次阅读圈活动的主题分别是 Civil-Rights Heroes、The Land of Lock、Was Einstein a space Alien、The Great Gatsby、The Last Leaf。

在活动开始之前，教师需要对学习者进行培训：介绍登录 Moodle 平台的方式、展示 Moodle 平台的课程结构（见图 7-1）、演示进入 wiki 的协同编辑区、介绍查看和编辑作品的操作方法。在每次活动开始前一天，教师在平台特定区域发布学习任务要求和学习材料。学习者登录 Moodle 平台阅读学习任务要求，下载学习材料进行学习。教师鼓励学习者在 wiki 平台进行协同编辑。在 DL 提出问题之后，其他成员要提出自己的观点和看法，积极参与到讨论中，在讨论结束后 DL 对问题进行总结。WM 需要选择有价值的词汇并用这些词汇写一段文字，其他成员可以通过讨论来帮助 WM 修改其写的内容。同样，当 PP 找出重点句子的时候，需要对句子进行改编，其他角色也要提建议，帮助修改。对于 S 给出的材料总结，其他角色要阅读并修改，使之符合要求。最后，对于 CC 这个角色，小组其他成员需要结合自身的经历和相关知识，提出自己的观点并对 CC 的拓展内容进行修改。所有角色都有责任帮助其他角色进行语法、词汇的检查，以及给予内容上的建议，促进小组知识建构，提升阅读质量。

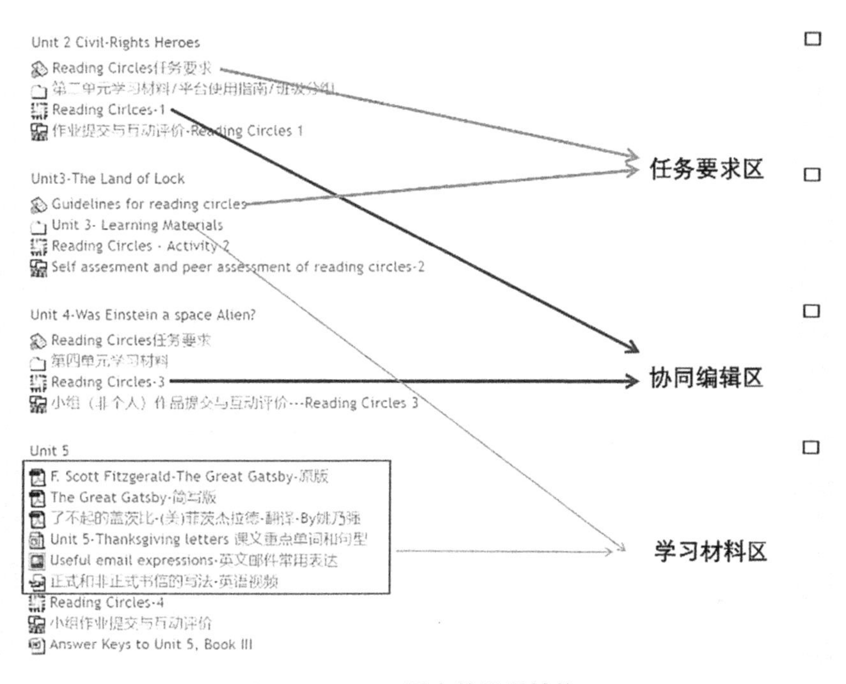

图 7-1　Moodle 平台的课程结构

每次活动持续两周，每个小组在 wiki 平台上提交的最终版本的阅读报告即为小组的协作产出。教师制定了包含内容、语言、创造力和批判性的评价标准，对每个小组的阅读报告进行评价。阅读报告的评价成员包括教师和随机分配的进行同伴互评的五个组的成员。在整个学期的五次协作阅读学习活动中，学习者阅读不同题材的文章，每个学习者轮流尝试了不同的角色，这将有助于全面提升学习者的阅读能力。

7.2.4 研究工具

本研究需要对学习者的自我调节能力和社会调节行为进行分析，采用问卷和编码表两种研究工具，分别为自我调节能力测试问卷和社会调节行为编码表。

基于社会认知角度，Schunk 和 Zimmerman 提出自我调节是个人、行为和环境相互作用的过程，认为自我调节能力与学习情境高度相关。Barnard 在此基础上对在线学习情境中的自我调节能力进行了探究，制作了在线学习情境中自我调节能力测试问卷。该问卷主要包含六个方面，分别是目标设定、环境建构、学习策略、寻求帮助、自我评价和时间管理。该问卷已经被广泛应用于各个学科（如英语、数学、物理等）中，用于测试学习者在在线学习环境中的自我调节能力。Su 等结合英语学科在线学习的特点，对该问卷做了进一步改编，用于测试在线英语学习中学习者的自我调节能力。同时研究也验证了改编后的问卷的信度和效度，信度为 0.88～0.92，效度为 0.99。由于本研究探索的是在线英语协作学习中学习者的自我调节能力，所以采用了 Su 等制作的问卷——在线英语协作学习中学习者自我调节能力测试问卷。该问卷为 5 级利克特量表，得分越高，说明自我调节能力越强，其具体描述如表 7-2 所示。

表 7-2　在线英语协作学习中学习者自我调节能力测试问卷的具体描述

维度	题目数量	描述
目标设定	5	我会设定短期学习目标（每天或每周）与长期学习目标（每个月或每学期）； 我会对自己的网络英语学习设定适应的标准
环境建构	5	我会选择不会让我分心的地点进行网络英语学习； 我会找一个舒适的地方进行网络英语学习
学习策略	5	我会采用大声念出网络平台的教学内容的方式让自己保持专注
寻求帮助	5	我会找一个对网络学习平台了解的人，在我需要协助时寻求他或她的帮助； 我会借助电子邮件或 QQ 等方式向老师寻求帮助，解决学业问题
自我评价	5	我会总结自己的学习内容，以检查自己对英语的掌握程度； 在使用网络学习英语的过程中，我会问自己很多有关课程内容的问题
时间管理	5	每天我有固定的时间使用网络学习英语，并按计划进行； 我利用零碎的时间在网上学习英语； 我虽然不必每天都参与英语在线课程，但仍然试图平均分配每天的英语学习时间

为了对在线英语协作学习中的社会调节行为进行全面分析，研究者综合社会

调节理论和实践，广泛调研现有的关于社会调节的编码表，从社会调节的过程、形式和焦点三个方面对社会调节行为进行了编码。Grau 等提出的编码表相对全面，但是其编码维度主要考虑了元认知方面。Hadwin 等认为社会调节行为不仅包括元认知方面，还包括情感和动机。同时，Lan qin Zheng 等也对协作学习中的同伴调节学习和社会情感进行了探究，说明情感是社会调节学习中不能被忽视的一方面。基于此，本研究在 Grau 等提出的编码表的基础上进行了改编，形成了社会调节行为编码表。其中，调节过程主要包括计划、监控、调整和评价，调节形式主要是同伴调节和集体调节，调节焦点主要包括任务知识、任务理解、任务监控、积极情感、气氛调节、消极情感和组织分工，如表 7-3 所示。

表 7-3　社会调节行为编码表

编码维度	解释说明	示例
调节过程		
计划	在任务初始阶段对任务评估、制定学习策略、进行时间安排和任务分工等	“我们今天晚上讨论阅读圈，先做一下分工。”
监控	监控任务的进度、小组作业的质量、其他成员的情感状态等	“明天就到交作业的截止日期了，大家抓紧时间呀，我们的作业还差一部分。”
调整	在任务推进的过程中，提出新的方法策略来帮助大家思考、推理	“我发现 wiki 里面不能自动识别拼写错误，我建议大家先用 Word 写一遍，检查一下拼写错误，然后粘贴到 wiki 里面。”
评价	学习者对自己的贡献及小组的表现进行评价	“我们这次的成绩是 B，Passage Person 那部分的评分比较低，我看别的组写得都挺多，下次我们也多写一点，大家加油！”
调节形式		
同伴调节	小组内有成员对他人的认知、情感和行为进行干预，帮助调节，逐渐影响他人的过程，包括监控他人的任务完成度、作业质量、情感状态等	“小 A 同学，你那部分还没有做完，稍后等你做完，把咱们的作业整合到一起再提交。”
集体调节	小组成员一起计划、监控和调节任务相关内容，其讨论多涉及每个成员要做的事	“同志们，大家尽快去回答 Discussion Leader 提出的问题。” “好的，晚上下课去回答。”
调节焦点		
任务知识	小组成员间探讨学习材料所涉及的语言背景、语法、词汇或者话题等知识	“A，这里的 time 应该换成 times。”

续表

编码维度	解释说明	示例
任务理解	小组成员对任务要求、平台使用进行讨论	“Passage Person，需要写句子吗？” “需要，上次我们写的句子较短，这次把句子写长一点吧。”
任务监控	对学习任务时间进度的调节	“同志们，今晚提交作业，别忘记进行互相评价。”
积极情感	鼓励和夸赞小组成员，营造积极向上的氛围	“辛苦小 A 同学了，你的 Discussion Leader 问题提得很有价值，我们这次做得很好。”
气氛调节	发送搞笑的表情、图片或者玩笑类的话语，缓和团队气氛	
消极情感	团队中出现的破坏团队气氛、不利于小组任务推进的消极言论	“我觉得学没学好英语无所谓，大家只要做完作业就好，没必要太认真。”
组织分工	对任务安排进行人员组织	“这次任务我担任 Discussion Leader，A 同学担任 Passage Person，B 同学担任 Culture Connector。”

7.2.5 数据收集与分析

学习者的自我调节能力数据通过问卷获取，研究者在协作学习活动结束后发放并回收问卷。本研究共发放 95 份问卷，回收 95 份，随后对问卷进行了因子分析和信效度检验。

本研究针对学习者个人的社会调节行为进行编码，编码单元为学习者个人的讨论记录。由于 QQ 能够实现实时通信，故每条讨论记录产生的时间间隔较短，有的学习者经常把一句话拆成若干短语连续发送，使得讨论记录碎片化，并且表达较为口语化。因此，本研究团队首先对讨论记录进行了预处理，将连续发送的若干短语进行语句合并，使之成为完整的一句话（见表 7-4），进而确定有效编码单元。本研究中有两位研究者对学习者的讨论记录进行有效编码单元的切分，切分一致性参考 Chang 等提出的计算方法。两位研究者在切分之前进行训练，其间通过检验发现一致性较差。随后两位研究者通过不断的沟通，充分理解切分原则，最终得到的一致性系数为 0.89，大于 0.8，满足要求。在对讨论记录进行预处理之后，两位研究者独立对学习者的社会调节行为进行编码。研究者首先进行编码培训，充分理解编码表，然后进行独立编码。当编完讨论记录的 15%时，对内部一致性进行检验。结果显示“调节过程”的内部一致性系数为 0.90，“调节形式”的内部一致性系数为 0.81，“调节焦点”的内部一致性系数为 0.78，这表明两个研究者的内部一致性可以接受。另外，对于编码过程中不一致的地方，研究者将通过讨论协商达成一致。社会调节行为的编码示例如表 7-5 所示。从表 7-5 中我们可以看出，与学习者 B 相比，学习者 A 在分工的时候提出了有效的方案，表现出“组织分工”的社会调节行为，故对其进行相应的编码。

表 7-4　学习者 A 的讨论记录预处理

讨论内容合并前	讨论内容合并后
16:20:53 学习者 A：“直接写到 wiki 里就行。”	16:20:53 学习者 A：“直接写到 wiki 里。”
16:21:12 学习者 A：“然后我合并到一起，之后我上传就可以。”	16:21:12 就行，然后我合并到一起，之后我上传就可以。”
16:21:34 学习者 B：“好的。”	16:21:34 学习者 B：“好的。”
16:33:09 学习者 C:“所以你们要加油，尽快回答问题。”	16:33:09 学习者 C：“所以你们要加油，尽快回答问题。”
16:33:21 学习者 B：“正在回答问题。”	16:33:21 学习者 B：“正在回答问题。”

表 7-5　社会调节行为的编码示例

讨论内容	调节过程	调节形式	调节焦点
学习者 A：“朋友们，明天该交作业了，我们该做作业了。”	监控	集体调节	任务监控
学习者 B：“那我们是不是该分工了？”	计划	集体调节	组织分工
学习者 A：“对，我们先分工，就按之前分工的那个表格，顺时针移动角色。”	计划	集体调节	组织分工
学习者 C：“如果是这样的话，我是 Word Master，我去找单词了。大家开始做吧，明天再讨论。”	计划	集体调节	任务监控
学习者 A：“好。”			

7.3 研究发现

7.3.1 在线英语协作学习中学习者自我调节能力的特征分析

由于本研究中问卷的应用情境和 Su 等学者的研究情境有所不同，研究者需要对问卷的信效度进行分析。原始问卷有 30 道题，研究者通过因子分析发现其中有 8 道题的因子负载低于 0.5，其余 22 道题的因子负载均大于 0.5。研究者将这 22 道题划分为六个维度，分别是“目标设定”（Goal Setting，GS）、“环境建构”（Environment Structuring，ES）、“学习策略”（Learning Strategies，LS）、“寻求帮助”（Help Seeking，HS）、“自我评价”（Self-evaluation，SE）和“时间管理”（Time Management，TM）。这六个维度又称为六个因子，详细的自我调节能力问卷的因子分析结果如表 7-6 所示。这六个因子的特征值分别是 4.125、3.762、2.774、2.676、2.553 和 1.352，均大于 1，占总方差的 78.37%，说明该问卷具有良好的结构效度，可以应用于本研究中。此外，本研究还对该问卷进行了信度检验，Alpha 系数为 0.939，表明该问卷信度较高，可以应用。

表 7-6 自我调节能力问卷的因子分析结果

题目	因子 1	因子 2	因子 3	因子 4	因子 5	因子 6
因子 1：目标设定 （GS） α=0.928, M=3.61, SD=0.91						
GS1	0.765					
GS2	0.752					
GS3	0.843					
GS4	0.795					
GS5	0.833					
因子 2：环境建构 （ES） α=0.899, M=3.97, SD=0.80						
ES1		0.823				
ES2		0.777				
ES3		0.812				
ES4		0.695				
ES5		0.643				
因子 3：学习策略 （LS） α=0.808, M=3.28, SD=0.88						
LS1			0.618			
LS2			0.768			
LS3			0.800			
因子 4：寻求帮助 （HS） α=0.838, M=3.54, SD=0.91						
HS1				0.714		
HS2				0.776		
因子 5：自我评价 （SE） α=0.923, M=3.69, SD=0.89						
SE1					0.766	

续表

题目	因子 1	因子 2	因子 3	因子 4	因子 5	因子 6
SE2					0.754	
SE3					0.782	
因子 6：时间管理　（TM）　α=0.858, *M*=3.43, SD=0.97						
TM1						0.778
TM2						0.841
TM3						0.876
TM4						0.687
特征值	4.125	3.762	2.774	2.676	2.553	1.352
方差解释率(%)	18.752	17.102	12.607	12.161	11.603	6.144

注：Alpha 系数为 0.939，总方差解释率为 78.37%。

表 7-6 呈现了问卷每个因子的均值和标准差，其中六个因子的均值均高于中间值 3（1～5 级利克特量表），这表明这些学习者具备良好的自我调节能力。其中，环境建构的均值最高，说明学习者在基于网络的学习情境中学习时，对学习环境有较高的要求，应该选择有利于集中注意力的地方进行学习。然而，学习者的学习策略的均值最低（*M*=3.28，SD=0.88），这表明学习者在网上学习英语时，对学习策略的应用能力相对较差。除此之外，时间管理的均值较低（*M*=3.43，SD=0.97），这说明在基于网络的学习环境中，学习者的时间管理能力相对较差，学习者不善于进行时间管理。

7.3.2　在线英语协作学习中学习者社会调节行为的特征分析

在本研究中，95 名学习者在协作学习活动中总共有 1794 条关于社会调节行为的有效记录。学习者的社会调节行为的统计结果如表 7-7 所示。就调节过程而言，出现频次最多的是对协作学习的监控行为（*M*=13.21，SD=12.72），其次是计划（*M*=3.61，SD=4.33）。学习者的评价行为出现的频次相对较少（*M*=1.17，SD=2.09）。在协作学习的整个过程中，对学习中的时间、分工和学习策略等做出调整的行为出现得最少（*M*=0.89，SD=1.20）。由此可见，在协作学习活动中，学习者主要关注的是监控协作学习的进度，包括监控任务完成的进度、教师发布的任务信息、小组其他成员的任务完成情况及任务的完成质量等。评价作为调节过程的一个环节，同时也是学习过程中非常重要的一部分，在本研究中却容易被忽略。在协作学习过程中，在学习任务开始之后，学习者对分工协作和学习策略等的调整较少。本研究对协作学习活动中出现的两种社会调节形式（同伴调节和集体调节）进行分析，发现出现较多的调节形式是集体调节（*M*=12.95，SD=12.57），同伴调节出现得较少（*M*=5.94，SD=7.54）。由此可以看出在协作学习过程中，大多数学习者倾向于和小组成员协作推进任务，共同讨论遇到的问题，最终制定问题解决方案并达成共识。同时，也会有部分学习者帮助其他学习者来调节他们的学习，如提醒某个学习者交作业或者提示小组中其他学习者所负责的任务内容等，出现同伴调节形式。

在本研究中，调节焦点主要分为三个方面，分别是任务本身（任务知识、任务理解及任务监控）、情感和组织分工。任务本身的调节焦点主要在任务监控（*M*=7.02，SD=7.58），其次是任务理解（*M*=3.19，SD=3.78）、任务知识（*M*=1.74，SD=3.40）。除了任务本身，在协作学习中，情感也是影响协作学习体验的关键因素，因此学习者会对协作学习过程中的情感进行调节。在本研究中，出现较多的是积极情感（*M*=1.64，SD=1.51）和气氛调节（*M*=1.67，SD=2.05）。在协作学习过程中，学习者不免会出现一些消极情感，因此对消极情感的调节也必不可少。但从数据结果来看，学习者对消极情感的调节相对较少（*M*=1.01，SD=1.47）。上述数据表明，在协作学习中学习者的调节行为主要聚焦在任务监控和任务理解上，其次是组织分工和积极情感，而关于任务知识的讨论相对较少。

表 7-7　学习者的社会调节行为的统计结果

	频次	平均值（*N*=95）	标准差
调节过程			
计划	343	3.61	4.33
监控	1255	13.21	12.72
调整	85	0.89	1.20
评价	111	1.17	2.09
调节形式			
同伴调节	564	5.94	7.54
集体调节	1230	12.95	12.57

续表

	频次	平均值（*N*=95）	标准差
调节焦点			
任务知识	165	1.74	3.40
任务理解	303	3.19	3.78
任务监控	667	7.02	7.58
积极情感	156	1.64	1.51
气氛调节	159	1.67	2.05
消极情感	96	1.01	1.47
组织分工	248	2.61	3.66

整个学期共开展了五次难度和要求均一致的在线英语协作学习活动，在每次活动中，学习者产生的讨论记录分别是 494 条、395 条、353 条、344 条和 208 条。由此说明，随着活动的开展，在完成活动过程中学习者间的讨论逐渐减少。图 7-2、图 7-3、图 7-4 展示了在五次活动中，学习者的调节过程、调节形式和调节焦点的各个维度所占的比例随时间变化的情况。在这三个图中，纵轴代表在每次活动中各个维度所占的比例。从图 7-2 可以看出，在调节过程方面，监控的占比在每次活动中都最高，其次是计划。调整和评价在整个学期中占比都较低，并且没有明显的变化趋势。

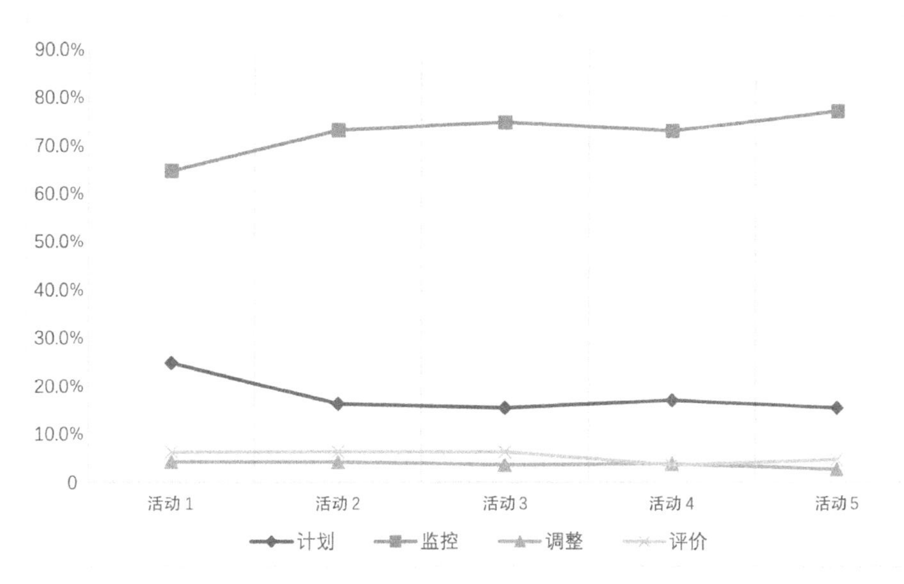

图 7-2　调节过程的各个维度所占的比例随时间变化的情况

从图 7-3 中可以看出，随着时间的推移，集体调节在各次活动中的占比逐渐减少，而同伴调节的占比逐渐增加。通过进一步分析学习者的讨论内容，研究者发现，在学期伊始，学习者之间相对不熟悉，会投入更多精力来讨论和商议活动开展方案，建立一定的小组协作学习规则，互相熟悉和了解以达成一定的默契，如表 7-8 所示。随着时间的推移，小组成员之间变得相对熟悉，有些学习者会出现对学习任务懈怠的情况，因此小组中会有同伴监控任务进展，帮助其他学习者调节学习过程，导致到后期出现较多的同伴调节。学期中后期发生在小组中的同伴调节范例如表 7-9 所示。

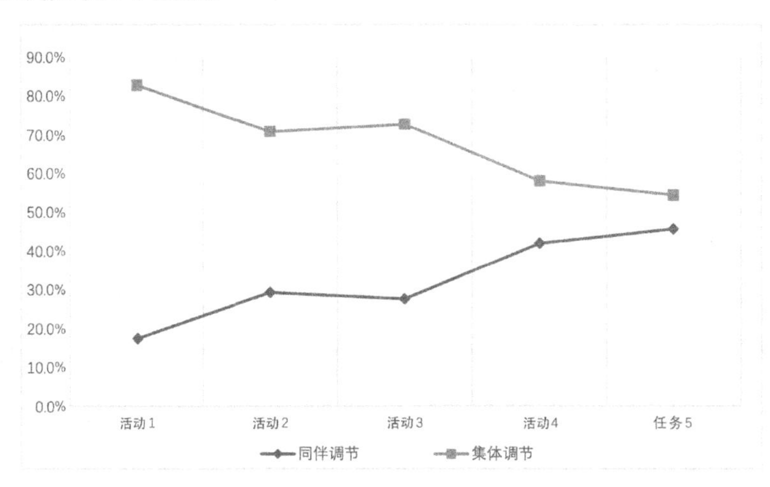

图 7-3 调节形式的各个维度所占的比例随时间变化的情况

表 7-8 学期伊始发生在小组中的集体调节范例

讨论内容	调节焦点
17:24:00 学习者 A：“我们这个星期要做一个美国大选的演示、一次精读的阅读圈，还要照一个全体合照。”	集体调节
17:26:33 学习者 B：“非常赞同。”	
18:27:40 学习者 A：“这五个职位如下，大家选吧[emoji]。” Word Master Passage Person Discussion Leader Culture Connector Summarizer	
18:29:26 学习者 A：“Summarizer 和 Culture Connector 要写 150 个字左右的东西。”	
18:29:37 学习者 C：“大佬先选。”	

表 7-9 学期中后期发生在小组中的同伴调节范例

讨论内容	调节焦点
21:50:03 学习者 C @学习者 F："你的作业还没有提交。大家说怎么办？我联系不到他。"	同伴调节
21:57:27 学习者 D："……这，无能为力，谁加他微信了？"	
22:00:40 学习者 C："==。没……很尴尬。"	
23:27:10 学习者 E：……	
23:28:39 学习者 F："等等，我在写……。"	

在图 7-4 中，对学习过程的监控在每次活动中的占比都最高，并且随着时间的推移，任务监控的占比平稳增长。由此表明，在整个学期中学习者始终在对任务进行监控。与活动 1 相比，从活动 2 开始，任务理解的占比平稳下降，这说明随着活动的开展，学习者逐渐熟悉了任务要求，对任务理解讨论较少。然而，总有学习者在任务理解上出现问题，以至于在每次任务过程中都会对任务要求进行提问，其他学习者帮助其进行任务理解，导致任务理解的调节行为一直出现。

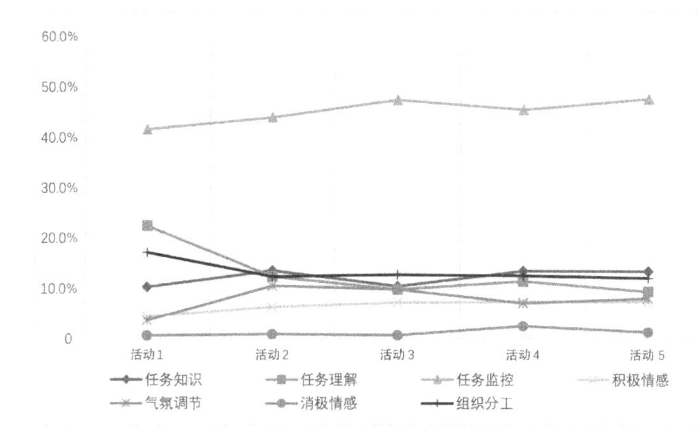

图 7-4　调节焦点的各个维度所占的比例随时间变化的情况

在整个学期中，学习者对消极情感的调节占比最低，这说明在协作学习过程中，学习者对消极情感的调节较少。通过进一步分析学习者的讨论记录，研究者发现学习者在协作学习中较少出现消极情感，当学习者出现一些消极情感时，也会有其他小组成员通过发送一些有趣的表情或者鼓励的话语来开导他，帮助其进行情感调节，营造良好的协作环境。协作学习过程中出现的消极情感范例如表 7-10 所示。

表 7-10　协作学习过程中出现的消极情感范例

讨论内容	调节焦点
21:17:25 学习者 G：“这次任务要阅读的文章中生词好多，好难啊，我看不懂……”	消极情感
21:17:26 学习者 H：“确实有难度，可以翻译一下。”	
21:17:46 学习者 G：“好的，我找找电子版，用软件翻译一下再看。”	
21:21:13 学习者 H：“加油！” 好，我们先来定个小目标	

在图 7-4 中，组织分工和任务理解的演变趋势相似，其占比都是在活动 1 完成之后呈现下降趋势，在接下来的四次活动中逐渐处于稳定水平。研究者通过进一步分析学习者的讨论内容发现，有的小组在一开始就会把分工策略做好，如制定分工表格或者图表，在每次活动开始前根据分工策略来进行分工即可，不会再就任务分工进行过多讨论，所以活动 1 完成之后，组织分工的占比有所下降。但是有的小组并没有一个有效的分工策略，导致在每次活动开始前都会重新进行分工，因此出现较多的分工行为。表 7-11 所示和表 7-12 所示分别是 A、B 两个小组的组织分工范例，体现了两个小组在组织分工上具有策略。

表 7-11　A 小组的组织分工范例

讨论内容	调节焦点
19:10:00 学习者 A：“我们总共要进行五次阅读圈活动，我们每次就按照下面这个图顺时针转换角色就行。” Word Master 学习者A Discussion Leader 学习者B Passage Person 学习者C Culture Connector 学习者D Summarizer 学习者E	组织分工
19:10:59 学习者 B：“这个主意不错，就按这种方法分工吧，每个人都能轮一次角色。”	

表 7-12　B 小组的组织分工范例

<table>
<tr><th>讨论内容</th><th>调节焦点</th></tr>
<tr><td>14:14:00 学习者 C：“我们该分工了，大家选一下角色吧。”</td><td rowspan="3">组织分工</td></tr>
<tr><td>14:15:59 学习者 D：“我们轮流扮演一遍角色吧，我做了一个表格，我们就按这个表格来。”
<table>
<tr><th>角色名称</th><th>活动1</th><th>活动2</th><th>活动3</th><th>活动4</th><th>活动5</th></tr>
<tr><td>Discussion Leader</td><td>朱同学</td><td>张同学</td><td>乔同学</td><td>王同学</td><td>李同学</td></tr>
<tr><td>Word Master</td><td>张同学</td><td>乔同学</td><td>王同学</td><td>李同学</td><td>朱同学</td></tr>
<tr><td>Passage Person</td><td>乔同学</td><td>王同学</td><td>李同学</td><td>朱同学</td><td>张同学</td></tr>
<tr><td>Summarizer</td><td>王同学</td><td>李同学</td><td>朱同学</td><td>张同学</td><td>乔同学</td></tr>
<tr><td>Culture Connector</td><td>李同学</td><td>朱同学</td><td>张同学</td><td>乔同学</td><td>王同学</td></tr>
</table></td></tr>
<tr><td>14:16:02 学习者 C：“同意。”</td></tr>
</table>

为了更清楚地了解学习者的社会调节行为，研究者对协作学习过程中两种调节形式下的调节焦点做了进一步分析。图 7-5 所示和图 7-6 所示分别是集体调节和同伴调节中不同调节焦点所占的比例。从图 7-5 中可以看出，在集体调节中，学习者主要进行任务监控、任务理解和组织分工，其占比分别是 40.1%、18.1%和 15.8%；其次是气氛调节、积极情感和任务知识，其占比分别是 10.0%、9.0%和 7.0%，未出现消极情感的调节。由此表明，在集体调节中小组成员倾向于进行任务监控、任务理解和组织分工。从图 7-6 中可以看出，在同伴调节中任务监控所占的比例也比较高（31.0%），对消极情感的调节的占比（17.0%）仅次于任务监控，任务理解和任务知识则占比相当，分别为 14.0%和 13.9%，组织分工、积极情感和气氛调节在同伴调节中占比较低，分别是 9.2%、8.5%和 6.4%。

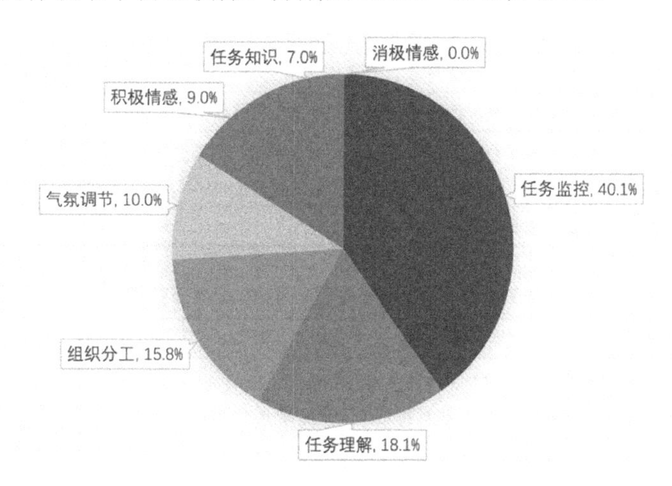

图 7-5　集体调节中不同调节焦点所占的比例

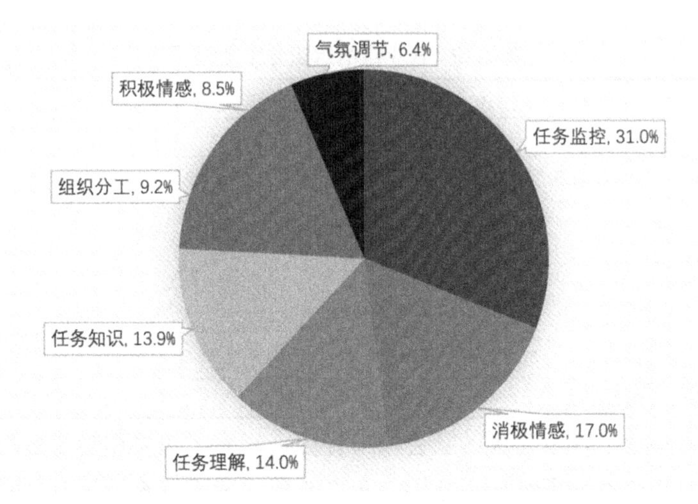

图 7-6　同伴调节中不同调节焦点所占的比例

研究者通过对比图 7-5 和图 7-6 发现，同伴调节的焦点主要是对消极情感的调节，由此说明，学习者更倾向于调节其他成员出现的消极情感。同伴调节中的消极情感调节范例如表 7-13 所示。当涉及要完成的任务时，任务知识的调节在同伴调节中的占比会比较高。研究者通过分析学习者的讨论内容发现，有的学习者会帮助其他学习者检查语法、词汇方面的错误。同伴调节中的任务知识调节范例如表 7-14 所示。

表 7-13　同伴调节中的消极情感调节范例

讨论内容	调节形式	调节焦点
18:27:32 学习者 E:“这篇文章好难，我不想看了，我想挑个简单点的角色扮演。”	同伴调节	消极情感
18:28:12 学习者 F:“文章是难了点，但是认真看还是能看懂的，分工已经定了，就别换了，你是可以做到的。”		
18:28:32 学习者 E:“好吧，那我先看看文章吧。”		

表 7-14　同伴调节中的任务知识调节范例

讨论内容	调节形式	调节焦点
21:37:32 学习者 G:“刘同学，summary 开头这句‘what does the shadow the writer refers to’是什么意思？我觉得要改呀，我觉得是‘why does the author refer to the shadow’。”	同伴调节	任务知识
21:38:12 学习者 H:“对，我的意思是为什么作者要提及影子，好像你这么说更地道。”		
21:38:32 学习者 G:“应该用 why。”		

7.3.3　在线英语协作学习中学习者的自我调节能力与社会调节行为的关系分析

研究者分别探究了学习者的自我调节能力和社会调节行为之间的相关性，以及具备不同自我调节能力的学习者在社会调节行为上的差异。由于本研究中社会调节行为的数据不符合正态分布，而通过问卷获得的学习者的自我调节能力数据符合正态分布，所以研究者采用 Spearman 相关分析方法来分析学习者的自我调节能力与社会调节行为之间的关系。

学习者的自我调节能力与社会调节行为的相关分析结果（见表 7-15）显示，社会调节行为中的计划与学习者自我调节能力中的时间管理呈显著正相关的关系（r=0.405，p<0.01）。这意味着，时间管理能力越强的学习者，在社会调节中越容易参与到小组学习计划的制订过程中，因此会出现较多的计划行为。然而，计划与学习策略呈显著负相关的关系（r=−0.214，p<0.05），即学习者越是善于采用一定的学习策略进行自我调节学习，其在协作学习过程中的计划行为越少。社会调节行为中的监控与时间管理呈显著正相关的关系（r=0.411，p<0.01）。由此表明，学习者的时间管理能力越强，在协作学习中进行社会调节时越注重对小组任务的监控。监控与学习策略呈显著负相关的关系（r=−0.150，p<0.05）。由此说明，学习者在自我调节中的学习策略得分越高，其在社会调节过程中的监控行为越少。社会调节行为中的评价与学习者的自我评价（r=0.315，p<0.01）和时间管理（r=0.235，p<0.01）呈显著正相关的关系。由此表明，自我评价较高的学习者不仅会对自己的协作学习过程进行评价，还会对小组的协作学习过程进行评价；在自我调节中时间管理能力较强的学习者，在协作学习过程中也会出现较多的评价行为。

表 7-15　学习者的自我调节能力与社会调节行为的相关分析结果

调节过程	目标设定	环境建构	学习策略	寻求帮助	自我评价	时间管理
计划	0.070	−0.144	−0.214*	0.249	0.199	0.405**
监控	0.036	−0.126	−0.150**	0.313	0.144	0.411**
调整	0.005	−0.106	−0.107	0.288	0.234	0.256
评价	0.102	−0.025	−0.124	0.166	0.315**	0.235**

注：*表示 p<0.05，**表示 p<0.01。

表 7-16 所示是学习者的自我调节能力与社会调节形式的相关分析结果。从

表 7-16 中我们可以看出，同伴调节与寻求帮助显著负相关（r=−0.246，p<0.05），即在自我调节学习中习惯寻求帮助的学习者，在协作学习的社会调节中会有较少的同伴调节。集体调节与自我评价呈显著正相关的关系（r=0.181，p<0.05），表明在自我调节学习中，善于进行自我评价的学习者在协作学习中会出现更多的集体调节。时间管理与同伴调节和集体调节均呈显著正相关的关系（r=0.272，p<0.01；r=0.362，p<0.01），即时间管理能力较强的学习者在协作学习中会参与到两种社会调节中。

表 7-16　学习者的自我调节能力与社会调节形式的相关分析结果

调节形式	目标设定	环境建构	学习策略	寻求帮助	自我评价	时间管理
同伴调节	0.083	−0.165	−0.149	−0.246*	0.180	0.272**
集体调节	0.028	−0.092	−0.168	0.410	0.181*	0.362**

注：*表示 p<0.05，**表示 p<0.01。

表 7-17 所示是学习者的自我调节能力与社会调节焦点的相关分析结果。从表 7-17 中我们可以看出，学习者自我调节能力中的时间管理与任务知识呈显著正相关的关系（r=0.292，p<0.01），即时间管理能力越强的学习者，在社会调节中对任务知识的讨论越多。在在线协作学习中，学习者会对任务要求进行讨论，以达到理解任务的目的。研究者经过分析发现，学习者的任务理解与自我调节能力中的寻求帮助呈显著负相关的关系（r=−0.375，p<0.05），即在学习过程中，善于向外界寻求帮助的学习者，在社会调节过程中对任务理解的讨论越少。研究者通过分析学习者的讨论内容发现，对任务理解讨论较多的学习者大多在帮助小组内其他成员解读任务，或者在应答其他人的寻求帮助信息。社会调节焦点中的组织分工与自我调节能力中的学习策略呈显著正相关的关系（r=0.326，p<0.05），说明学习策略运用能力较强的学习者在协作学习中对组织分工的讨论较多。研究者通过深入分析学习者的讨论内容发现，正是那些在学习策略上得分较高的学习者提出了有效的小组分工策略，他们在组织分工上的调节次数较多。研究者将社会情感的三个维度进行合并，发现自我调节能力中的目标设定与社会情感呈显著正相关的关系（r=0.354，p<0.05），即目标设定得分较高的学习者，在协作学习过程中会表现出较多的关于社会情感的调节。由此说明，善于制定目标的学习者，在协作学习过程中会对小组中的社会情感较为关注。

本研究选取目标设定较高的学习者，对其社会情感调节进行研究，发现这些学习者普遍会在完成任务的过程中说一些鼓励小组成员的话语、发送一些幽默风趣的表情和图片，有的还会对不积极参与任务、情绪较为消极的学习者进行鼓励和疏导。在自我调节能力中目标设定较为明确的学习者的部分表现如表 7-18 所示。

表 7-17　学习者的自我调节能力与社会调节焦点的相关分析结果

调节焦点	目标设定	环境建构	学习策略	寻求帮助	自我评价	时间管理
任务知识	−0.056	0.114	−0.242**	−0.173	−0.172	0.292**
任务理解	0.085	0.165	−0.155	−0.375*	−0.156	−0.083
任务监控	0.015	0.210	−0.131	−0.160	−0.224	−0.104
社会情感	0.354*	0.066	0.039	−0.207	−0.231	0.085
组织分工	0.017	0.178	0.326*	−0.167	−0.196	−0.163

注：*表示 $p<0.05$，**表示 $p<0.01$。

表 7-18　在自我调节能力中目标设定较为明确的学习者的部分表现

讨论内容	目标设定得分	调节焦点
23:37:32 学习者 M：“这次的任务结束了，合作很愉快，大家下次还要积极努力哦，加油，大家晚安。”	4.98	积极情感
11:38:12 学习者 M：“就算课文再难我也不放弃，自己选角色，哭着也要写完。” 心疼地抱住美美的自己	4.98	调节气氛
11:38:42 学习者 N：“M 同学，你太逗了，哈哈哈！”		
20:25:47 学习者 O：“组长，咱们组的作业还没有交齐，每次都少 S 同学那部分，他总是拖后腿，一点时间观念都没有。我要提交咱们组的作业了！”		
20:26:00 学习者 M：“小 O 你先别着急，S 同学是班长，事情比较多，我给他打电话联系一下，你先做会其他作业，我催一下他，他可能忘记了。”	4.98	消极情感

7.3.4　具备不同自我调节能力的学习者在社会调节行为上的差异分析

为了探究具备不同自我调节能力的学习者在社会调节行为方面是否存在差异，研究者按照自我调节能力的不同对学习者进行分组，按照自我调节问卷六个

维度总得分的高低将学习者进行排序，将位于前27%的学习者归为自我调节能力较强组，将位于后27%的学习者归为自我调节能力较弱组，将其余学习者归为自我调节能力中等组。由于社会调节行为的数据呈非正态分布，所以研究者利用Kruskal-Wallis 检验方法，对不同组的社会调节行为进行分析，如果三个组间Kruskal-Wallis 检验 P 值呈现显著，则表示在这三个不同的组中，至少有一个组与其他两个组存在差异。

为了进一步分析具体的差异，研究者采用了事后分析的方法，即采用 Mann-Whitney U 检验方法，分析三个组在社会调节行为方面存在的具体差异，结果如表 7-19、表 7-20、表 7-21 所示。表 7-19 展示了具备不同自我调节能力的学习者在社会调节过程中的差异，我们可以从中看出三个组在计划方面存在显著差异［F（1，95），p=0.025］，说明在三个组中至少有一个组的计划与其他两个组存在显著差异。Mann-Whitney U 检验的结果（u=409.5，z=−1.904，p=0.014）显示，自我调节能力中等的学习者在社会调节过程中的计划方面显著好于自我调节能力较强的学习者。

表 7-19　具备不同自我调节能力的学习者在社会调节过程中的差异

调节过程	自我调节能力较强组（N=26）		自我调节能力中等组（N=43）		自我调节能力较弱组（N=26）		Kruskal-Wallis 检验	Mann-Whitney U 检验
	均值	标准差	均值	标准差	均值	标准差	p	
计划	1.35	2.297	3.16	3.728	2.58	3.252	0.025*	中＞高
监控	10.54	11.050	15.28	15.472	12.92	15.213	0.418	
调整	0.69	1.123	0.79	1.146	0.50	1.241	0.242	
评价	0.54	1.067	1.26	2.216	0.58	1.027	0.506	

注：*表示 p<0.05。

表 7-20 所示是具备不同自我调节能力的学习者在社会调节形式上的差异。我们从中发现三个组在同伴调节方面存在显著差异［（F1，95），p=0.039］，即至少有一个组与其他组在同伴调节上存在差异。研究者通过进行 Mann-Whitney U 检验，发现在同伴调节上，自我调节能力较强组显著好于自我调节能力较弱组（u=306.4，z=−0.684，p=0.037），自我调节能力中等组也显著好于自我调节能力较弱组（u=209.5，z=−0.094，p=0.041）。

表 7-20　具备不同自我调节能力的学习者在社会调节形式上的差异

调节形式	自我调节能力较强组（N=26）		自我调节能力中等组（N=43）		自我调节能力较弱组（N=26）		Kruskal-Wallis 检验	Mann-Whitney U 检验
	均值	标准差	均值	标准差	均值	标准差	p	
同伴调节	5.65	5.069	5.60	6.966	3.58	10.299	0.039*	强＞弱* 中＞弱*
集体调节	9.38	8.164	14.79	14.425	11.38	13.161	0.229	

注：*表示 p<0.05。

表 7-21 所示是具备不同自我调节能力的学习者在调节焦点上的差异，结果显示在任务知识［F（1，95），p=0.008］、气氛调节［F（1，95），p=0.012］和消极情感［F（1，95），p=0.014］三个方面三个组存在显著差异。研究者通过 Mann-Whitney U 检验发现，自我调节能力较强组和自我调节能力较弱组之间在任务知识上无显著差异（u=394，z=−0.246，p=0.809），在其他两个方面均存在显著差异，具体表现为自我调节能力中等组的学习者在任务知识的调节上显著好于其他两组。

表 7-21　具备不同自我调节能力的学习者在调节焦点上的差异

调节焦点	自我调节能力较强组（N=26）		自我调节能力中等组（N=43）		自我调节能力较弱组（N=26）		Kruskal-Wallis 检验	Mann-Whitney U 检验
	均值	标准差	均值	标准差	均值	标准差	p	
任务知识	0.62	1.499	2.00	3.690	1.35	4.166	0.008*	中＞强* 中＞弱*
任务理解	2.19	2.967	3.07	4.044	2.35	3.655	0.415	
任务监控	6.73	7.023	9.67	10.267	8.38	9.823	0.560	
积极情感	0.73	1.041	1.16	1.495	0.62	1.061	0.221	
气氛调节	0.88	1.336	1.07	2.197	1.27	2.987	0.012*	中＞强* 中＞弱*
消极情感	0.42	0.643	0.09	0.366	0.15	0.368	0.014*	
组织分工	1.42	2.485	2.84	4.00	2.54	3.658	0.071	

注：*表示 p<0.05。

7.4 研究结论与教学启示

本研究的目的是探究在线英语协作学习中学习者的自我调节能力和社会调节行为的特征，以及二者之间的关系。研究者通过采用内容分析法和定量研究中的相关分析和差异检验等方法，不仅揭示了在线英语协作学习中学习者的社会调节行为的一般特征，而且进一步分析了学习者的自我调节能力与社会调节行为之间的关系，深入探究了具备不同自我调节能力的学习者在社会调节行为各方面的差异，提高了我们对在线协作学习中学习者如何调节学习的认识。研究者从自我调节和社会调节两个方面分析学习者的调节学习情况，在研究的过程中，不局限于认知和元认知的调节，还加入了社会情感的调节，从更加全面的角度探讨了学习者的调节学习，进而揭示了在线英语协作学习中学习者的调节学习的特征。

7.4.1 在线英语协作学习中学习者的自我调节能力的特征

Barnardbrak 等根据学习者自我调节能力的特点，将学习者分为卓越型、胜任型、规划型、反思型、无效或低效型。本研究发现学习者的自我调节能力各个方面的均值都高于中间值，说明学习者具备较好的自我调节能力，具有规划型、胜任型和反思型的学习者的特点。也就是说，本研究中的学习者会对自己的学习有明确的规划和目标，同时又具有一定的自我反思和评价的能力。

在学习者的自我调节能力中，环境建构得分最高，学习策略得分最低。这一结果与 Usta 的研究结果一致，即在基于网络的学习环境下，学习者的环境建构水平最高。目前信息技术已经被应用到日常生活的方方面面，在教育领域的应用也日渐成熟，这使得学习者能够进行移动学习和多端学习，能够自由安排学习时间，选择适合自己的学习环境。

学习者的学习策略得分最低，可能是由于本研究中的学习者处于大学二年级，他们虽然有在线学习的经历，但是课业负担较大，进行在线英语学习的机会相对较少，所以在学习过程中应用学习策略的能力较差。

研究者还发现学习者在在线英语学习中的时间管理能力相对较差，这与 Usta 的研究结果一致，即在网络学习情境中学习者的时间管理能力相对较差。Howland

等指出，在在线学习情境中，在学习者参与到具体的学习计划和任务安排中时，时间管理对其有一定的挑战，具备良好的时间管理能力是学习者获得成就的一个关键因素。

7.4.2　在线英语协作学习中学习者的社会调节行为的特征

7.4.2.1　社会调节过程的一般特征

首先，学习者的社会调节过程分析结果表明，在社会调节过程中，学习者表现出最多的是监控，其次是计划。Ucan 在研究中有相似的发现，即学习者在协作学习中会投入较多的时间在计划和监控上。其次，另一发现是评价出现的次数相对较少。然而 Schoor 和 Bannert 指出，评价应该是优秀的协作学习小组频繁出现的行为。已有相关研究表明，在在线协作学习过程中成绩较好的小组会表现出较多的评价行为。评价在促进有效的英语协作学习方面起着重要作用，有利于学习者快速掌握语言知识。Hou 也进一步指出，在协作学习情境中，教师需要为学习者提供暂停学习进行反思的机会，提供脚手架和支持，帮助学习者评价他们的学习表现。因此，教师在日常教学中应重视对学习者评价能力的培养，在设计教学任务和教学活动时加入评价机制，以提升学习者的评价能力。例如，Järvelä 在研究如何利用信息技术工具促进学习者有效地参与到社会调节中时，建议将具有学习分析功能的工具嵌入在线协作学习系统中，帮助学习者监控和支持协作学习过程，及时提供有效的干预，帮助学习者进行评价，使学习者能够回顾自己完成任务的过程，总结收获和不足。

7.4.2.2　社会调节形式的一般特征

在协作学习过程中，社会调节学习主要有两种形式——同伴调节学习和集体调节学习。已有研究表明，在 CSCL 情境中，社会调节学习能够帮助学习者应对协作学习中出现的认知、交互和情感方面的挑战和困难，有效维持学习者良好的协作。本研究结果表明，在社会调节学习的两种形式中，出现频次较多的是集体调节学习，同伴调节学习出现得相对较少。这与 Su 等的研究结果一致。这一结果符合协作学习的特点，即学习者共同参与到小组任务的完成过程中，体现了共同协商的特征。

7.4.2.3 社会调节焦点的一般特征

社会调节焦点的分析结果表明，在协作学习过程中，社会调节主要聚焦在任务监控、任务理解和社会情感。社会调节过程中出现较多的对任务过程的监控和对任务要求的理解，有助于学习者对任务理解达成共识，制定一致的任务目标，按时完成学习任务。有研究者在音乐协作学习活动中对社会调节开展研究，发现在协作学习过程中，学习者会出现较多关于情感的调节，这与本研究的结果一致。通过对社会情感调节进行分析，研究者发现气氛调节在本研究中出现得最多，积极情感次之，消极情感最少。而 Zheng 等发现，在协作学习过程中，学习者较少进行活跃气氛的情感调节，与本研究结果不一致。笔者推测，导致这一结果的原因可能是，在本研究中学习者以社交软件 QQ 作为协作讨论的工具。QQ 的一项重要功能是发送各种表情包及图片，其可以帮助学习者传达自己的情感。表情包具有文字语言无法比拟的魅力，深受广大用户喜爱。本研究中的学习者在协作学习过程中，同样会通过发送一些搞笑的表情包和有趣的图片来调节自己与他人协作时的气氛，尽量营造一种轻松愉悦的氛围。Su 等学者发现在在线协作学习中，成绩较好的小组会出现较多关于社会情感的调节。同时，Zheng 和 Huang 在探究学习者的情感对协作小组学习成绩的影响时发现，富有见解的情感表达与小组的学习成绩呈显著正相关的关系。有研究表明适当的社会情感交互，有利于创造一个良好的社会协作环境，在这种学习环境中，学习者会主动参与到与他人的互动中，进而推进协作学习的发展。由此可见，对社会情感的调节有利于学习者之间的社会交互及协同知识建构。如果在协作学习过程中，缺乏有效的情感调节，将会出现较多社会情感问题，阻碍协作学习的发展，削弱学习者的学习积极性。

在本研究中，聚焦任务知识的社会调节较少，与 Zachariou 的研究结果一致。在在线英语协作学习中，任务涉及的知识主要包括语法、时态和词汇等方面的知识。对任务知识的调节主要涉及小组成员共同讨论某个知识点，回答他人提出的语法、时态、词汇等方面的问题，检查和改进组内他人作品中出现的错误。学习者对知识内容的监控使得小组成员可以互相帮助，促进协同知识建构，达成共同理解。然而本研究发现，学习者对任务知识的调节相对较少。有研究表明，任务知识被认为是较高水平的调节焦点，它在促进成功协作和有效学习方面起着关键作用，学习者如果能对任务知识进行准确的把控，及时发现和修订知识层面的错误，会有效促进协作学习的发展。Su 等学者发现，在协作学习成绩较高的小组里面，有较多的关于任务知识的调节，这在一定程度上说明对任务知识的调节越多，越有利于协同知识建构，提升小组的协作学习成绩。

由此可见，对任务知识的调节是协作学习中的关键要素。笔者对本研究中对任务知识的调节较少的原因进行推测，尽管教师要求学习者讨论任务涉及的知识，但是可能由于活动设计中要求每位学习者承担不同的角色，而每个角色有不同的任务要求，涉及的任务知识有偏差，使得学习者专注在自己角色涉及的任务知识上，阻碍了学习者进行认知方面的讨论，进而减少了对任务知识的调节。未来研究者可以设计不同的教学活动，进而探究在协作学习中对任务知识的调节的特征。另外，在基于网络的协作学习情境中，学习者对任务知识的调节有利于促进小组协作成绩的实现，教师可以在调节过程中进行干预，提醒学习者进行任务知识的讨论。

7.4.2.4　社会调节行为的演变趋势分析

研究者通过对社会调节行为各个维度占比的变化趋势进行分析发现，在调节过程方面，在每次任务中学习者表现出最多的行为是监控。监控包括评估学习者在完成任务过程中是否对任务要求充分理解、任务进度是否与教师的要求一致、在完成任务过程中涉及的知识是否正确、协作成员之间的情感是否出现问题等。学习者还可以根据特定的任务要求、任务目标及任务分配的时间来监控任务的进度，使得协作小组在整个协作学习过程中游刃有余。通过这种监控行为，学习者可以保证他们完成的协作任务符合任务要求，在知识层面具有较高的准确性，以及成员之间具有良好的协作关系和感情。这与 Rogat 等的研究结果一致：在协作学习过程中出现最多的行为是监控，学习者需要监控任务内容、任务开始前制订的计划，以及协作学习过程中小组的情感等。

本研究发现，随着时间的推移，协作学习过程中集体调节行为的占比逐渐下降，同伴调节行为的占比逐渐提升。笔者通过分析学习者的讨论内容发现，随着任务的推进，小组成员之间逐渐相互了解，建立了稳定的协作关系与人际关系，因此在随后的任务中会出现较多的同伴调节行为。已有的相关研究支持这一发现，

DeBacker 等发现，随着学习任务的推进，小组成员之间越来越了解，学习者对学习环境也越来越熟悉，会更有信心地参与到学习活动中，并且和他人愉快沟通，在这个过程中会出现更多的同伴调节行为。然而，Ucan 通过对学习者的视频进行分析发现，随着任务的推进，学习者越来越多地参与到集体调节行为中，而同伴调节行为没有显著变化。通过对比发现，本研究中的五次活动难度一致，而在 Ucan 的学习情境中，学习者的协作探究任务越来越难，导致集体调节行为越来越多。因此，笔者推测集体调节行为与任务难度、学习情境有一定的联系。已有研究支持这一推测，即集体调节行为往往频繁地出现在更具有挑战性和较为复杂的学习任务中。相反，在较为容易或者难度不大的学习任务中，不容易出现集体调节行为。因此，未来研究者有必要在其他协作学习情境和具有不同难度的任务中开展研究，以探讨在其他协作学习情境中，集体调节行为和同伴调节行为有何演变趋势。

7.4.2.5 不同调节形式中调节焦点的分析

对调节焦点的分析结果表明，在两种调节形式中，任务监控是调节焦点的主要部分。不同的是，在同伴调节行为中，对消极情感的调节占比仅次于任务监控；而在集体调节行为中，没有出现对消极情感的调节。这一结果与 Grau 和 Whitebread 的研究结果一致，即对于在协作学习过程中出现的社会情感问题，如果组内成员对其进行集体调节，往往会引起冲突，阻碍小组正常的协作学习，影响学习者的学习体验。因此，团队中需要有人及时发现问题并给予帮助，把协作学习中消极情感带来的负面影响减到最少，由此引发同伴调节行为。

有研究指出，在协作学习过程中，学习者出现的消极情感与任务策略的执行呈显著负相关的关系，与和任务主题无关的讨论呈正相关的关系。由此可见，消极情感会给协作学习带来负面影响，因此对消极情感的调节十分重要。

关于同伴调节行为中调节焦点的另一个有趣的发现是，在同伴调节行为中对任务知识的调节占比较高。研究者通过采用对话分析方法发现，在同伴调节行为中会出现较多关于任务知识的讨论，这更有利于同伴之间进行协同知识建构，改善和提升他们的学习表现。已有研究表明，在协作学习中，同伴调节策略与小组成绩呈正相关的关系。但是这些研究结论尚不明确，仍然存在争议。希望未来研究者能进一步探究在在线协作学习过程中，同伴调节行为的哪些调节焦点会影响学习者的学习成绩。

7.4.3　学习者的自我调节能力与社会调节行为的关系分析

在协作学习情境中，学习者的自我调节能力和社会调节行为均扮演着重要角色，并且越来越多的研究者在相关领域开展实证研究。已有研究表明，在协作学习情境中，不同类型的调节具有不同的功能，从"我的视角"到"你的视角"，再到"我们的视角"，这使得学习者在完成任务过程中看待问题更加全面，任务完成得更加完善。

7.4.3.1　自我调节能力与社会调节过程的相关分析

已经有研究者对自我调节能力是否会影响小组的社会调节过程提出假设，并开展了相关研究进行验证。Panadero 等将学习者的自我调节方面的数据（级别 1）嵌套在组号（级别 2）中，并利用多层次分析法分析自我调节能力和社会调节过程之间的关系。结果发现，学习策略得分较高的小组，会对小组的目标设定、时间规划有较高水平的要求。然而，本研究从学习者个人角度对自我调节能力和社会调节过程的关系进行分析，发现学习者自我调节能力中的学习策略与社会调节过程中的计划呈显著负相关的关系，而本研究里社会调节过程中的计划主要包括目标设定、时间规划等，所以这一发现与上述研究结果不一致。研究者经过比较发现，Panadero 等人在研究中使用了专门用于辅助学习者进行社会调节的工具（OurPlanner），学习者可以利用此工具制订计划。由此笔者推断，社会调节工具的使用可能是导致研究结果不一致的原因。笔者又进一步通过广泛的调研发现，目前很多社会调节工具已经作为一种干预工具被应用到教学实践中，并且已有部分研究证实了这些工具在促进小组社会调节方面的有效性。但这些研究都停留在小组层面，没有验证这些工具对个人的社会调节过程有哪些具体影响，未来研究者可以进一步探究这些工具对个人社会调节过程的影响。

通过对学习者的自我调节能力和社会调节过程进行分析，研究者发现学习者的时间管理能力与社会调节过程中的计划行为呈显著正相关的关系，学习者的自我评价能力与社会调节过程中的评价行为呈显著正相关的关系。由于已有的针对这一发现的研究缺乏相关依据，所以本研究得出的初步结论是，在协作学习过程中，学习者良好的时间管理能力会有助于小组实施计划。有研究者指出，为了达到协作学习的目标，学习者需要有一定的计划能力，如确定共同目标、制定学习策略等。因此在教学实践中，学习者应注重培养自己的时间管理能力，以便在小组协作中发挥自己的价值，同他人更好地协作。

7.4.3.2 自我调节能力与社会调节形式的相关分析

本研究发现学习者的自我评价对集体调节学习有积极的影响，说明善于自我评价的学习者，在协作学习中表现出较多的集体调节行为。有研究已经证明，集体调节行为的出现能够提升小组的成绩。因此学习者在学习过程中应该多注重自我评价，教师也要提供一定的脚手架，引导学习者进行自我评价。关于社会调节学习的另一种形式——同伴调节学习，研究结果表明其与学习者寻求帮助呈显著负相关的关系。同伴调节学习的定义是“团队中的个别学习者帮助他人调节学习”，所以他们善于且有能力帮助别人，进而在寻求帮助方面得分较低，使得结果呈负相关的关系。

7.4.3.3 自我调节能力与社会调节焦点的相关分析

研究者通过对学习者的自我调节能力与社会调节焦点进行相关分析发现，学习者的自我调节学习策略与任务知识呈显著负相关的关系。Chang 通过研究学习者的自我调节学习策略发现，在基于网络的学习情境中，能较好地运用自我调节学习策略的学习者比较重视学习材料的作用，在学习过程中会充分研读学习材料，并掌握了较多的知识，这可能就是学习者在协作学习过程中对任务知识进行讨论的原因。研究者的另一发现是，学习者的自我调节学习策略与组织分工呈显著正相关的关系，这说明能够较好地运用自我调节学习策略的学习者，在协作学习过程中有较多关于组织分工的社会调节。能较好地运用自我调节学习策略的学习者往往比较有责任感，乐于承担责任，因此会表现出较多对组织分工的调节。

7.4.4　具备不同自我调节能力的学习者在社会调节行为上的差异

本研究从社会调节的过程、形式和焦点三个方面，对自我调节能力不同的学习者在社会调节中的行为差异进行了分析。结果表明在调节过程方面，自我调节能力处于中等水平的小组的计划行为显著好于自我调节能力较强的小组。通过分析学习者的讨论内容和后期对不同自我调节能力的学习者访谈的结果，研究者发现，自我调节能力较强的学习者认为自己能够较好地把握学习进度，对自己的学习能够做好规划，因此在调节过程中较少出现对计划的调节。本研究发现，自我调节能力较强的学习者和自我调节能力中等的学习者，在同伴调节学习上均显著好于自我调节能力较差的学习者。同伴调节学习多发生在小组成员之间互相促进时。比如，在小组成员提示其他成员任务时间、任务内容时，自我调节能力较强的学习者会对任务时间和任务内容有良好的把控能力，进而能够帮助自我调节能力较差的学习者。关于调节焦点，在任务知识和气氛调节上，自我调节能力中等的学习者显著好于自我调节能力较强和较差的学习者。

本研究通过采用定量和定性相结合的研究方法，对通过发放问卷和编码获取的自我调节数据和社会调节数据进行分析，从社会调节的过程、形式和焦点三个方面对在线英语协作学习中学习者的社会调节行为进行了全方面分析，探究了学习者的自我调节能力和社会调节行为之间的关系，深入分析了在线协作学习中学习者的调节机制。

首先，本研究发现，在在线英语协作学习过程中，学习者的学习策略得分较低，并且与多个调节焦点呈显著负相关的关系，与组织分工呈正相关的关系。可见在在线英语协作学习中，学习者不善于使用学习策略，并且学习策略对社会调节行为的影响不一，未来研究者可以对在线协作学习中学习策略的作用做进一步的探索。本研究对学习者自我调节能力的另一发现是，学习者的时间管理能力较差，而个人的时间管理能力与社会调节行为中的计划、监控等呈正相关的关系，说明学习者的时间管理能力有助于小组任务的推进。建议教师在在线协作学习过程中加入自我时间管理系统，用工具辅助学习者进行时间规划和管理，提升协作学习效果。

其次，本研究通过对学习者的社会调节行为的特征进行分析发现，在在线英语协作学习中，学习者在调节过程中会对任务进行计划和监控，却忽视了评价过程。建议教师在日常教学过程中引入评价环节，培养学习者的评价能力。在在线协作学习中，出现较多的社会调节形式是集体调节学习，体现了协作学习共同协商的特点。随着时间的推移，集体调节学习出现的次数呈下降趋势，而同伴调节学习出现的次数逐渐增加。两种社会调节形式起着不同的作用，集体调节学习有利于小组达成一致目标和形成统一的问题解决方案，同伴调节学习有利于成员之间的定向交互和学习成绩提升。在本研究中，学习者的社会调节焦点主要集中在任务监控、任务理解和气氛调节上。其中，学习者在基于社交工具 QQ 的讨论中，会使用很多有趣的表情包和搞笑的图片来调节团队气氛，有助于营造和谐的协作关系。另外，对任务理解的调节较多。笔者通过对此部分的调节进一步深入分析发现，在学习过程中会有学习者不理解或者忘记任务要求，需要他人帮助，这在一定程度上会给他人带来负担，影响他人的协作学习体验。因此，笔者建议学习平台能够监控学习者的学习状态，当学习者不明白任务要求时能够自动给出提示。

本研究探索了学习者的自我调节能力和社会调节行为之间的关系，结果表明学习者的学习策略、自我评价、时间管理和寻求帮助，与社会调节过程、社会调节形式和社会调节焦点存在正相关或者负相关的关系。通过比较具备不同自我调节能力的学习者在社会调节行为上的差异，研究者发现自我调节能力处于中等水平的学习者的计划行为显著好于自我调节能力较强的学习者；在同伴调节学习上，自我调节能力较强和中等的学习者显著好于自我调节能力较差的学习者；自我调节能力中等的学习者在任务知识和气氛调节上显著好于其他的学习者，此项研究发现对日后教学分组具有参考意义。

本研究对在线英语协作学习中学习者的自我调节能力和社会调节行为进行分析，丰富了我们对调节学习的认识，为辅助英语学习工具的设计提供了思路，为英语教育实践者优化协作学习效果提供了参考，未来希望研究者能在其他学习情境中做进一步的探究。同时，研究者可以在此基础上引入更加智能的辅助工具，帮助学习者进行调节，在辅助工具的设计和应用上做更多的探索。

第 8 章

在线协作学习交互分析未来展望——从大规模走向多模态

随着互联网技术的迅速发展，在线教育已经成为学校开展教学活动的主要方式。在线协作学习作为在线教育的重要分支之一，能够培养学习者的协作能力，提升学习者的学习效果。在人工智能、大数据等新兴信息技术与教育教学深度融合的发展趋势下，未来在线协作学习交互分析将呈现新的发展趋势，体现在数据收集与分析、理论模型构建、分析工具设计、调节学习研究及教师干预等方面。

8.1 多模态数据的收集与分析将成为在线协作学习交互分析的重要依据

人工智能、大数据、云计算及可穿戴设备等技术在教育领域的持续应用，深刻影响着教育教学的基本方式与形态特征。基于云计算、大数据等技术收集并分析学习者的学习数据，进而支持教师分析学情、制订教学计划，已经成为教学方式发展的新趋势。

近年来，随着可穿戴设备和大数据等技术在教育教学中的不断普及与应用，学习分析衍生出了新的发展方向——基于多模态数据的学习分析，这也将成为在线协作学习交互分析的重要方式。“多模态数据”是指在同一学习过程中，采用两种或两种以上的方式来获取的相关学习数据，如在同一学习环境中收集的学习者行为数据、视频录屏数据、音频数据及眼动数据等。在教育领域中，多模态数据能够展现学习者在在线协作学习中多源的信息，利于教师进行更加全面、系统的学习分析。多模态数据扩大了当前学习分析的研究范围，使得学习分析不再仅仅聚焦于在线学习平台中常态化学习行为数据的分析，其通过收集、处理和分析更为多源、自然、全面的数据（如面部表情、视频、眼动等），实现对学习者更加科学、精准的刻画。在在线协作学习中，及时了解学习者的学习动态，对教师制定在线教学策略、开展在线教学活动意义重大。

此外，基于多模态数据的在线协作学习交互分析将更加强调学习者生理数据的收集与分析，进而反映学习者更加多维的学习状态和学习投入（包括行为投入、认知投入、情感投入、社会投入等），从而更加全面立体地刻画学习者的学习画像，了解其在在线协作学习中的状态。基于此，多模态数据的收集与分析不仅将成为未来学习分析的重要发展趋势，还将成为在线协作学习交互分析的重要依据。

8.2 融合多特征要素的分析模型将成为在线协作学习交互分析的重要理论基础

从对协作学习过程分析模型的研究来看，大量的研究者从认知/元认知、知识建构、批判性思维等不同的理论视角对协作学习进行了探索，并基于不同的兴趣点构建了面向情境、交互及认知的框架与模型。这些框架与模型涵盖参与者、交互行为、认知和元认知、情感、学习产出、社会支持、话题空间等多种相关要素。但是研究者通过对这些框架与模型进行分析发现，理论基础和学习分析工具之间的连接仍然不够清晰，某些学习分析工具仅对理论概念进行了部分描述，缺乏系统、完整的理论体系的支撑。学习者的在线协作学习过程是一个多要素有机结合、相互作用的过程，从单一要素考查在线协作学习的过程存在视角狭窄的局限性。融合多特征要素对协作学习过程进行分析，能够提升研究者对学习者协作过程的内部机制及知识建构过程的理解，从而更加深入、全面、客观地刻画学习者的学习行为和学习规律。

随着在线学习环境的不断升级，相关协作学习分析模型也需要在新的场景下

进行迭代优化，以适应当前在线学习环境下的分析诉求。在未来，研究者可以对在线协作学习过程涉及的多特征要素进行挖掘，细化分析指标，挖掘学习者在在线协作学习过程中的内在特征。此外，在实际的在线协作学习过程中，学习者对知识的掌握和理解受到认知、行为、情感、社会支持等多方面的影响，因此研究者应将知识、行为与情感等组成统一的整体，加强对模型要素之间关系的分析，不断完善模型的多要素建构。

8.3 基于群体感知的分析工具将成为在线协作学习交互分析工具的研发趋势

群体感知在协作学习中扮演着重要的角色，能够使学习者彼此熟悉，以更好地完成协作学习任务。国外学者 Bodemer 和 Dehler 等人将群体感知信息分为三种类型，分别是认知感知信息、行为感知信息和社会感知信息。其中，认知感知信息关系到群体成员的知识建构，提供小组成员的知识评估等相关信息，包括小组成员的知识结构、知识发展线索、知识贡献度等信息；行为感知信息是指小组成员在完成任务中进行的活动，如做什么任务、在协作中担任什么角色等信息；社会感知信息能够提示学习者其他成员的存在，可以让学习者相互了解和理解，成为一个更有凝聚力的小组，如谁与谁交互最多、谁没有发言等。在协作学习过程中，学习者获得同伴在知识、行为、社交等方面的信息，可以帮助他们克服与同伴沟通的障碍，提升在线协作学习的效率。

随着学习分析技术的发展，在线协作学习者可以获得的群体感知信息越来越丰富。但是现有的学习分析工具主要是对在线协作学习的结果进行监督与评估的，忽略了对在线协作学习过程的支持，并且不能对在线协作学习过程的信息进行更深入的可视化展示。构建基于群体感知的学习分析工具，可以使学习小组成为一个更好的学习共同体，加强小组完成任务的合作性和友好性，促进在线协作学习者更好地交流和解决问题，提高在线协作学习的质量。因此，未来在线协作学习的交互分析工具应更加关注学习者的群体感知，以此提升在线协作学习的质与效。

8.4 学习者的调节学习能力将成为未来在线协作学习领域的关注焦点

调节学习是指学习者通过社会互动理解学习任务、设定目标、制订计划、实施策略，并对学习表现进行监控和评价的学习过程。在 CSCL 中，学习者面临着认知、情感及环境等多方面的挑战，当小组成员之间在任务理解、策略运用、学习态度等方面出现不一致时，需要学习者进行主动的调节学习，以不断适应小组的学习环境和氛围。因此，在协作学习活动中，为了保证协作的有效发生，学习者需要提高对小组策略、学习态度和过程的调节意识，完成小组任务，从而提升自身的高阶思维能力。已有研究表明，学习者借助调节学习工具能够较好地完成小组协作任务，包括明确协作学习目标、制订学习计划、提供实时的可视化反馈、监控学习过程、评价学习结果等，进而通过监控和及时评估等方式来调整学习策略。可见，对学习者调节学习能力的关注将成为未来在线协作学习领域的研究重点，其对提升在线协作学习的效果与质量也具有重要意义。

8.5 教师评价与干预将成为提升学习者在线协作学习质量的重要方式

在在线协作学习过程中，教师不仅是协作学习的设计者，还是协作学习的指导者和促进者。在在线协作学习过程中，教师需要监控小组及其成员的协作学习情况，发现各组出现的问题和取得的进步，并给出恰当的干预来支持各组的协作学习。当学习者参与学习活动不积极、小组协作任务分工不均、学习任务进度缓慢、偏离讨论话题等情况出现时，教师应及时发现并给出恰当的干预。在在线协作学习过程中，教师的干预有助于学习者深入思考，将知识应用于情境中以解决实际问题；有助于激发学习者参与学习活动的积极性，增进学习者之间的交互；有助于学习者有序协作与交流，避免额外的摸索探究，提升协作学习效率。此外，教师还是在线协作学习的评价者和反思者。在在线协作学习结束后，教师就各组的学习表现进行评价，有助于其了解学习者的学习进展，有针对性地开展教学活

动，进而提升协作学习质量。

为了支持教师及时地了解各组的学习表现，越来越多的教育研究者提出，利用学习分析工具来辅助教师观察各组在在线协作学习中的情况。学习分析工具通过收集、分析学习者参与学习活动的相关数据，辅助教师进行评价和干预。教师通过学习分析工具所呈现的协作学习分析可视化图表，实时监控学习者的在线协作学习进程，及时发现学习者在协作学习过程中出现的问题，进而给予适当的干预，并且通过学习分析工具多维度地分析、评价学习者的协作学习情况，立体地、多方面地了解学习者的参与情况和任务的完成情况。因此，利用学习分析工具来加强教师的评价与干预，将成为提升学习者在线协作学习质量的重要方式。

参考文献

[1] 李艳燕，马韶茜，黄荣怀. 学习分析技术：服务学习过程设计和优化[J]. 开放教育研究，2012，18（05）：18-24.

[2] EDUCAUSE. 7 things you should know about analytics [R/OL].（2018-04-07）[2021-11-22]. https://library.educause.edu/resources/2018/4/7-things-you-should-know-about-emerging-classroom-technologies.

[3] Jovanovic J，Gasevic D，Brooks C，et al. LOCO-Analyst：Semantic web technologies in learning content usage analysis[J]. International Journal of Continuing Engineering Education and Life-Long Learning，2008，18（1）：54-76.

[4] 徐鹏，王以宁，刘艳华，张海. 大数据视角分析学习变革——美国《通过教育数据挖掘和学习分析促进教与学》报告解读及启示[J]. 远程教育杂志，2013，31（06）：11-17.

[5] 孟志远，卢潇，胡凡刚. 大数据驱动教育变革的理论路径与应用思考——首届中国教育大数据发展论坛探析[J]. 远程教育杂志，2017，35（02）：9-18.

[6] 教育部. 教育信息化 2.0 行动计划[EB/OL].（2018-04-18）[2021-11-22]. http：//www.moe.gov.cn/srcsite/A16/s3342/201804/t20180425_334188.html.

[7] 雷云鹤，祝智庭. 基于预学习数据分析的精准教学决策[J]. 中国电化教育，2016（06）：27-35.

[8] 刘三女牙. 数据驱动下的教育研究（下）[N]. 江苏科技报，2019-11-18（378）.

[9] 李士平，赵蔚，刘红霞. 数据驱动下的学习支持设计与实践[J]. 电化教育研究，2018，39（03）：103-108+114.

[10] 付达杰，唐琳. 基于大数据的精准教学模式探究[J]. 现代教育技术，2017，27（07）：12-18.

[11] Lindsley O R. Precision Teaching：By Teachers for Children[J]. Teaching Exceptional Children，1990，22（3）：10-15.

[12] 王亚飞，李琳，李艳. 大数据精准教学技术框架研究[J]. 现代教育技术，2018，28（07）：5-10.

[13] 万力勇，黄志芳，黄焕. 大数据驱动的精准教学：操作框架与实施路径[J]. 现代教育技术，2019，29（01）：31-37.

[14] Ayres I M E，Fisteus J A，et al. Uncovering Flipped-Classroom Problems at an Engineering Course on Systems Architecture Through Data-Driven Learning Design [J]. The International journal of engineering education，2018，34（3）：865-878.

[15] 方海光，侯伟锋，王晓春，楚云海. 基于 PADClass 模型的数字化课堂学习过程数据挖掘与分析研究[J]. 电化教育研究，2014，35（10）：110-113+120.

[16] Datnow A，Lockton M，Weddle H. Capacity building to bridge data use and instructional improvement through evidence on student thinking[J]. Studies in Educational Evaluation，2020，69.

[17] 王洋，刘清堂，张文超，David Stein. 数据驱动下的在线学习状态分析模型及应用研究[J]. 远程教育杂志，2019，37（02）：74-80.

[18] 魏顺平，程罡. 数据驱动的教育机构在线教学过程评价指标体系构建与应用[J]. 开放教育研究，2017，23（03）：113-120.

[19] 郑勤华，陈耀华，孙洪涛，陈丽. 基于学习分析的在线学习测评建模与应用——学习者综合评价参考模型研究[J]. 电化教育研究，2016，37（09）：33-40.

[20] 孙洪涛，郑勤华，陈耀华，陈丽. 基于学习分析的在线学习测评建模与应用——课程综合评价参考模型研究[J]. 电化教育研究，2016，37（11）：25-31.

[21] 陈耀华，郑勤华，孙洪涛，陈丽. 基于学习分析的在线学习测评建模与应用——教师综合评价参考模型研究[J]. 电化教育研究，2016，37（10）：35-41.

[22] 沈忠华. 新技术视域下的教育大数据与教育评估新探——兼论区块链技术对在线教育评估的影响[J]. 远程教育杂志，2017，35（03）：31-39.

[23] Schildkamp K，Kuiper W. Data-informed curriculum reform：Which data，what purposes，and promoting and hindering factors[J]. Teaching and Teacher Education，2010，26（3）：482-496.

[24] Schildkamp K，Poortman C L，Ebbeler J，et al. How school leaders can build effective data teams：Five building blocks for a new wave of data-informed decision making[J]. Journal of educational change，2019，20：283-325.

[25] 管珏琪，孙一冰，祝智庭. 智慧教室环境下数据启发的教学决策研究[J]. 中国电化教育，2019（02）：22-28+42.

[26] Cress U，Rosé C，Wise A F，Oshima J. International Handbook of Computer-Supported Collaborative Learning[M]. Computer-Supported Collaborative Learning series，New York：Springer，2021.

[27] Amarasinghe I，Hernández-Leo D，Jonsson A. Data-informed design parameters for adaptive collaborative scripting in across-spaces learning situations[J]. User Modeling and User-Adapted Interaction，2019，29（4）：869-892.

[28] 陈甜甜，何秀青，葛文双，何聚厚.大规模在线协作学习分组方法及应用研究[J]. 计算机工程与应用，2021，57（01）：92-98.

[29] Elia G，Solazzo G，Lorenzo G，et al. Assessing Learners' Satisfaction in Collaborative Online Courses through a Big Data approach[J]. Computers in Human Behavior，2018，92（MAR.）：589-599.

[30] Lu O H T，Huang J C H，Huang A Y Q，et al. Applying learning analytics for improving students engagement and learning outcomes in an MOOCs enabled collaborative programming course[J]. Interactive Learning Environments，2017，25（2）：220-234.

[31] 梁云真. 网络学习空间中协作问题解决学习的交互机制研究[D].华中师范大学，2017.

[32] Holtz P，Kimmerle J，Cress U. Using big data techniques for measuring productive friction in mass collaboration online environments[J]. International Journal of Computer Supported Collaborative Learning，2018，13（4）：439-456.

[33] Piaget J. Social factors in intellectual development[M]// Piaget J. The Psychology of Intelligence. [S.l.]：Routledge，1950：183-194.

[34] Trevarthen C. Universal co-operative motives：How infants begin to know the language and culture of their parents[M]// Jahoda G & Lewis I M. Acquiring culture：Cross cultural studies in child development. London：Croon Helm，1988：37-90.

[35] Susan L G，& Hebbah E. Developmental Approaches to Collaborative Learning[M]// Hmelo-Silver C E. The international handbook of collaborative learning. [S.l.]：Routledge，Taylor & Francis Group，2013：58-72.

[36] Case R. Changing views of knowledge and their impact on educational research and practice[M]// Olson D & Torrance N. The handbook of education and human

development. Malden MA：Blackwell，1996：75-99.

[37] Duveen G & Psaltis C. The constructive role of asymmetry in social interaction[M]// Muller U J，Carpendale N，Budwig，Sokol B，Social life and social knowledge. New York：Erlbaum，2008：183-204.

[38] Hogan D. M & Tudge J. Implications of Vygotsky's theory for peer learning[M]// O'Donnell A & King A. Cognitive perspectives on peer learning. Mahwah，NJ：Erlbaum，1999：39–66.

[39] O'Donnell A M，Dansereau D F，Hythecker V I，et al. The effects of monitoring on cooperative learning[J]. The Journal of Experimental Education，1986，54（3）：169-173.

[40] O'Donnell A M.，Dansereau D F. Scripted cooperation in student dyads：A method for analyzing and enhancing academic learning and performance[M]// Hertz-Lazarowitz R & Miller N. Interaction in cooperative groups：The theoretical anatomy of group learning. New York：Cambridge University Press，1992：120-141.

[41] 钟志贤. 建构主义学习理论与教学设计[J]. 电化教育研究，2006（05）10-16.

[42] 葛文双，傅钢善.基于活动理论的网络学习活动设计——"现代教育技术"网络公共课活动案例[J].电化教育研究，2008（03）：50-54+62.

[43] 毛刚，刘清堂，吴林静.基于活动理论的小组协作学习分析模型与应用[J].现代远程教育研究，2016（03）：93-103.

[44] Engeström Y. Learning by Expanding：An Activity-Theoretical Approach to Developmental Research（2nd ed.）[M]. Helsinki，Finland：Orienta-Kunsultit，1987.

[45] Laat M D. Network and content analysis in an online community discourse[C]. Computer Support for Collaborative Learning：Foundations for a CSCL Community. University of Nijmegen，2002.

[46] 张威，郭永志.学习共同体学习模式的实证研究[J].教育科学，2012，28（05）：32-36.

[47] Henri F. Computer conferencing and content analysis[J]. Collaborative learning through computer conferencing：The Najaden papers，1992，90：117-136.

[48] Newman D R，Webb B，Cochrane C. A content analysis method to measure critical thinking in face-to-face and computer supported group learning[J]. Interpersonal Computing & Technology，1995，3（2）：56-77.

[49] Gunawardena C N，Lowe C A，Anderson T. Analysis of a global online debate and the development of an interaction analysis model for examining social construction of knowledge in computer conferencing[J]. Journal of educational computing research，1997，17（4）：397-431.

[50] Järvelä，S.，& Hadwin，A. F. New Frontiers：Regulating Learning in CSCL[J]. Educational Psychologist，2013，48（1）：25-39.

[51] Martin，J. R.，& Rose，D. Working with discourse：Meaning beyond the clause[M]. New York：Continuum，2007.

[52] Halliday，M. An introduction to functional grammar[M]. London：Edward Arnold，1994.

[53] Barron B. When smart groups fail[J]. Journal of the Learning Sciences，2003，12：307-359.

[54] Reffay C & Chanier T. How social network analysis can help to measure cohesion in collaborative distance-learning[M]// Wasson B，Ludvigsen S，Hoppe U. Designing for change in networked learning environments. Netherlands：Springer，2003：343–352.

[55] Martínez A，Dimitriadis Y，Rubia B，Gómez E，De L，Fuente P. Combining qualitative evaluation and social network analysis for the study of classroom social interactions[J]. Computers & Education，2003，41（4）：353-368.

[56] Oshima J，Matsuzawa Y，Oshima R，Niihara Y. Application of social network analysis to collaborative problem solving discourse：An attempt to capture dynamics of collective knowledge advancement[M]// Suthers D D，Lund K，Rosé C，Teplovs C，Law N. Productive multivocality in the analysis of group interactions. US：Springer，2013：225-242.

[57] Sackett G P. Observing Behavior：Theory and applications in mental retardation（Vol. 1）[M]. Baltimore：University Park Press，1978.

[58] Su Y，Li Y，Hu H，Rosé C P. Exploring college English language learners’ self and social regulation of learning during wiki-supported collaborative reading activities[J]. International Journal of Computer-Supported Collaborative Learning，2018，13：35-60.

[59] Zheng Y，Bao H，Shen J，et al. Investigating sequence patterns of collaborative problem-solving behavior in online collaborative discussion activity[J]. Sustainability，

2020，12（20）：8522.

[60] 宋宇，丁莹，朱佳，许昌良.基于序列模式挖掘的多类教师群体互动式课堂教学研究[J].现代教育技术，2021，31（10）：40-48.

[61] Sawyer. The Cambridge handbook of the learning sciences（Second edition.）[M]. [S.l.]：Cambridge University Press，2014.

[62] Stahl G. A Model of Collaborative Knowledge-Building[M]// Fishman B & O'Connor-Divelbiss S. Fourth International Conference of the Learning Sciences. Mahwah，NJ：Erlbaum，2000：70-77.

[63] Scardamalia M，Bereiter C. Knowledge building[M]// Guthrie J W. Encyclopedia of education（2nd ed.）. New York：Macmillan，2003：1370-1373.

[64] Rigotti E & Morasso S G. Argumentation as an object of interest and as a social and cultural resource[M]// Muller M N & Perret-Clermont A N. Argumentation and education. Boston，MA：Springer，2009：9-66.

[65] Scardamalia M. CSILE/ Knowledge Forum[J]. Education and technology：An encyclopedia. Santa Barbara：ABC-CLIO，2004：183-192.

[66] Teplovs C. The Knowledge Space Visualizer：A tool for visualizing online discourse[C]// Proceedings of the International Conference of the Learning Sciences，2008：1-12.

[67] Järvelä S，Järvenoja H，Malmberg J，Hadwin A F. Exploring socially shared regulation in the context of collaboration[J]. Journal of Cognitive Education and Psychology，2013，12（3）：267-286.

[68] Adamson D，Dyke G，Jang H，Rosé C P. Towards an agile approach to adapting dynamic collaboration support to student needs[J]. International Journal of Artificial Intelligence in Education，2014，24（1）：92-124.

[69] Schank R C. Dynamic memory revisited[M]. New York：Cambridge University Press，1999.

[70] Kobbe，L.，Weinberger，A.，Dillenbourg，P.，Harrer，A.，Hämäläinen，R.，Häkkinen，P.，& Fischer，F. Specifying computer-supported collaboration scripts[J]. International Journal of Computer-Supported Collaborative Learning，2007，2（2-3）：211-224.

[71] Dillenbourg P & Jermann P. Designing integrative scripts[M]// Fischer F，Mandl H，Haake J，Kollar I. Scripting computer-supported communication of knowledge-

cognitive，computational and educational perspectives. New York：Springer，2007：275-301.

[72] Weinberger，A.，Ertl，B.，Fischer，F.，& Mandl，H. Epistemic and social scripts in computer-supported collaborative learning[J]. Instructional Science，2005，33（1）：1-30.

[73] Stegmann K，Mu J，Gehlen–Baum V，Fischer F. The myth of over-scripting：Can novices be supported too much?[C]// Connecting computer-supported collaborative learning to policy and practice：CSCL2011 Conference Proceedings（Vol. 1）. Hong Kong，China：ISLS，2011：406-413.

[74] Schroeder，N. L.，Adesope，O. O.，Gilbert，R. B. How Effective are Pedagogical Agents for Learning? A Meta-Analytic Review[J]. Journal of Educational Computing Research，2013，49（1）：1-39.

[75] Chi M T，Siler S A，Jeong H，Yamauchi，T.，& Hausmann，R. G. Learning from human tutoring[J]. Cognitive Science，2001，25（4）：471-533.

[76] Chi M T H，Siler S A，Jeong H. Can tutors monitor students' understanding accurately?[J]. Cognition and instruction，2004，22（3）：363-387.

[77] Kanda T，Hirano T，Eaton D，Ishiguro H. Interactive robots as social partners and peer tutors for children：A field trial[J]. Human-Computer Interaction，2004，19（1-2）：61-84.

[78] Schwartz D L，Chase C，Chin D B，Oppezzo M，Kwong H，Okita S，Roscoe R，Jeong，H.，Wagster，J.，& Biswas，G.. Interactive metacognition：Monitoring and regulating a teachable agent[M]// Hacker D J，Dunlosky J，Graesser A C. Handbook of metacognition in education. New York，NY：Routledge，2009：340-358.

[79] Anderson J R，Corbett A T，Koedinger K R，Pelletier R. Cognitive tutors：Lessons learned[J]. Journal of the Learning Sciences，1995，4（2）：167-207.

[80] Cassell J，Tartaro A，Rankin Y，Oza V，Tse C. Virtual peers for literacy learning[J]. Educational Technology，2007，47（1）：39-43.

[81] 彭绍东.从面对面的协作学习、计算机支持的协作学习到混合式协作学习[J].电化教育研究，2010（08）：42-50.

[82] Li Y，Dong M，Huang R. Toward a semantic forum for active collaborative learning [J]. Educational technology & society，2009，12（4）：71-86.

[83] Alavi M， Dufner D. Technology-mediated collaborative learning： a research perspective [M]. Learning together online： research on asynchronous learning networks. Mahwah，NJ：Lawrence Erlbaum Associates，2005：191-213.

[84] Newman D，We B，Cochrane C. A content analysis method to measure critical thinking in face-to-face and computer supported group learning[J]. Interpersonal Computing & Technology，1995，3（2）：56-77.

[85] Garrison，D. R . Critical thinking and adult education：a conceptual model for developing critical thinking in adult learners[J]. International Journal of Lifelong Education，1991，10（4）：287-303.

[86] Marra R M，Klimczak M. Content Analysis of Online Discussion Forums：A Comparative Analysis of Protocols[J]. Educational Technology Research & Development，2004，52（2）：23-40.

[87] Garrison D R，Kanuka H. Blended Learning：Uncovering Its Transformative Potential in Higher Education[J]. The Internet and Higher Education，2004，7（2）：95-105.

[88] Zhu E. Meaning Negotiation，Knowledge Construction，and Mentoring in a Distance Learning Course[J]. Classroom Communication，1996.

[89] Soller A，Martínez A，Jermann P，et al. From mirroring to guiding：A review of state of the art technology for supporting collaborative learning[J]. International Journal of Artificial Intelligence in Education，2005，15（4）：261-290.

[90] Stahl G. Building collaborative knowing：elements of a social theory of CSCL[M]. Amsterdam：Kluwer Academic Publishers，2004.

[91] Li Y，Liao J，Wang J，et al. CSCL interaction analysis for assessing knowledge building outcomes：method and tool[C]. Proceedings of the 7th International Conference on Computer Supported Collaborative Learning，CSCL'07，New Brunswick，NJ，USA，July 16-21，2007. DBLP，2007.

[92] Kirschner P A，Erkens G. Toward a framework for CSCL research[J]. Educational Psychologist，2013，48（1）：1-8.

[93] Haekkinen P. Multiphase method for analysing online discussions[J]. Journal of Computer Assisted Learning，2013，29（6）：547-555.

[94] 刘黄玲子，朱伶俐，陈义勤，黄荣怀. 基于交互分析的协同知识建构的研究[J]. 开放教育研究，2005（02）：31-37.

[95] 余明媚，李文光，王新辉. 在线讨论质量及其影响因素的小学生个案研究[J]. 中国电化教育，2010（03）：47-51.

[96] Baker M，Andriessen J，Lund K，et al. Rainbow：a framework for analyzing computer-mediated pedagogical debates[J]. International Journal of Computer-Supported Collaborative Learning，2007，2（2-3）：315-357.

[97] Hakkarainen K. Emergence of Progressive-Inquiry Culture in Computer-Supported Collaborative Learning[J]. Learning Environments Research，2003，6（2）：199-220.

[98] Clark D B，Sampson V D. Analyzing the quality of argumentation supported by personally-seeded discussions[C]. Next 10 Years! Conference on Computer Support for Collaborative Learning. DBLP，2005.

[99] Siqin T，Aalst J V，Chu S . Fixed group and opportunistic collaboration in a CSCL environment[J]. International Journal of Computer-Supported Collaborative Learning，2015，10（2）：161-181.

[100] Rienties B，Giesbers B，Tempelaar D，et al. The role of scaffolding and motivation in CSCL[J]. Computers & Education，2012，59（3）：893-906.

[101] Järvenoja H ，Jrvel S . How students describe the sources of their emotional and motivational experiences during the learning process：A qualitative approach[J]. Learning & Instruction，2005，15（5）：465-480.

[102] Rogat T K & Linnenbrinkgarcia L. Socially Shared Regulation in Collaborative Groups：An Analysis of the Interplay Between Quality of Social Regulation and Group Processes[J]. Cognition & Instruction，2011，29（4）：375-415

[103] Lee A，O'Donnell A M，Rogat T K. Exploration of the cognitive regulatory sub-processes employed by groups characterized by socially shared and other-regulation in a CSCL context[J]. Computers in Human Behavior，2015，52（NOV.）：617-627.

[104] 严琴琴. 学习分析视角下的在线学习社会交互研究[D]. 辽宁师范大学，2014.

[105] Lin P C，Hou H T，Wu S Y，et al. Exploring college students' cognitive processing patterns during a collaborative problem-solving teaching activity integrating Facebook discussion and simulation tools[J]. Internet & Higher Education，2014，22（jul.）：51-56.

[106] Yang X，Li J，Guo X，et al. Group interactive network and behavioral patterns in online English-to-Chinese cooperative translation activity[J]. Internet & Higher

Education，2015，25：28-36.

[107] Anderson L W，Krathwohl D R，Airasian P W，et al. A Taxonomy for Learning，Teaching，and Assessing：A Revision of Bloom's Taxonomy of Educational Objectives[M]. London：Longman Publising Group，2001.

[108] Wu S Y，Hou H T. Exploring the Process of Planning and Implementation Phases in an Online Project-Based Discussion Activity Integrating a Collaborative Concept-Mapping Tool[J]. The Asia-Pacific Education Researcher，2014，23（1）：135-141.

[109] 吴江，陈君，金妙. 混合式协作学习情境下的交互模式演化探究[J]. 远程教育杂志，2016，34（01）：61-68.

[110] Aviv R，Erlich Z，Ravid G. Cohesion and roles：network analysis of CSCL communities[C]. Advanced Learning Technologies，2003. Proceedings. The 3rd IEEE International Conference on. IEEE，2003.

[111] Yang H L，Tang J H. Team structure and team performance in IS development：a social network perspective[J]. Information & Management，2004，41（3）：335-349.

[112] Ramón Tirado，Hernando N，Josè gnacio Aguaded. The effect of centralization and cohesion on the social construction of knowledge in discussion forums[J]. Interactive Learning Environments，2015，23（3）：293-316.

[113] Fahy P J，Crawford G，Ally M. Patterns of interaction in a computer conference transcript[J]. International Review of Research in Open and Distributed Learning，2001，2（1）：1-24.

[114] Veldhuis-Diermanse A E. CSC Learning：participation，learning，activities and knowledge construction in computer-supported collaborative learning in higher education[M]. Netherlands：Wageningen University，2002.

[115] Zhu E. Meaning knowledge construction and mentoring in a distance learning course [C]. National convention of the association for educational communications and technology，Indianapolis，1996：821-844.

[116] Li Y Y，Liao J，Wang J，et al. CSCL interaction analysis for assessing knowledge building outcomes：method and tool [C]. Proceedings of the 8th international conference on Computer supported collaborative learning. International Society of the Learning Sciences，2007：431-440.

[117] Kim M，Lee E. A multidimensional analysis tool for visualizing online interactions

[J]. Educational technology & society，2012，15（3）：89-102.

[118] Zheng L，Huang R H，Wang G J，et al. Measuring knowledge elaboration based on a computer -assisted knowledge map analytical approach to collaborative learning[J]. Educational technology & society，2015，18（1）：321-336.

[119] Eryilmaz E，Pol J V D. Enhancing student knowledge acquisition from online learning conversations [J]. International journal of computer-supported collaborative learning，2013，8（1）：113-144.

[120] Stahl G. Group cognition：computer support for building collaborative knowledge（acting with technology）[M]. London：Massachusetts Institute of Technology，2006.

[121] Pintrich P R. A Conceptual Framework for Assessing Motivation and Self-Regulated Learning in College Students[J]. Educational Psychology Review，2004，16（4）：385-407.

[122] Zimmerman B J & Schunk D H. Self-regulated learning and performance：An introduction and overview[M]// Zimmerman B J & Schunk D H. Handbook of self-regulation of learning and performance. New York：Routledge. 2011：1-12.

[123] Hadwin A F，Järvelä S，Miller M. Self-regulated，co-regulated，and socially shared regulation of learning[M]// Zimmerman B J & Schunk D H. Handbook of self-regulation of learning and performance. New York：Routledge. 2011：65-84.

[124] Schoor C，Bannert M. Exploring regulatory processes during a computer-supported collaborative learning task using process mining[J]. Computers in Human Behavior，2012，28（4）：1321-1331.

[125] Volet S，Summers M，Thurman J. High-level co-regulation in collaborative learning：How does it emerge and how is it sustained?[J]. Learning and Instruction，2009，19（2）：128-143.

[126] Wang T H. Developing Web-based assessment strategies for facilitating junior high school students to perform self-regulated learning in an e-Learning environment[J]. Computers & Education，2011，57（2）：1801-1812.

[127] Winne P H，Hadwin A F. Studying as self-regulated learning [M]// Hacker D J，Junlosky J，Graesser A C. Metacognition in educational theory and practice. Mahwah：NJ. Erlbaum，1998，277-304.

[128] Greene J A，Azevedo R. A macro-level analysis of SRL processes and their relations

to the acquisition of a sophisticated mental model of a complex system [J]. Contemporary Educational Psychology，2009，34（1）：18-29.

[129] Barnard L，Paton V，Lan W. Online Self-Regulatory Learning Behaviors as a Mediator in the Relationship between Online Course Perceptions with Achievement [J]. International Review of Research in Open & Distance Learning，2008，9（2）：1-11.

[130] Järvelä S，Kirschner P A，Hadwin，A.，Järvenoja，H.，Malmberg，J.，Miller，M.，& Laru，J. Socially shared regulation of learning in CSCL：Understanding and prompting individual- and group-level shared regulatory activities[J]. International Journal of Computer-Supported Collaborative Learning，2016，11（3），263-280.

[131] Järvelä S，Malmberg J，Koivuniemi M. Recognizing socially shared regulation by using the temporal sequences of online chat and logs in CSCL[J]. Learning and Instruction，2016，42：1-11.

[132] Janssen J，Erkens G，Kirschner P A，Kanselaar G. Task-related and social regulation during online collaborative learning[J]. Metacognition and Learning，2012，7（1）：25-43.

[133] Rogat，T. K.，& Adams-Wiggins，K. R. Other-regulation in collaborative groups：Implications for regulation quality[J]. Instructional Science，2014，42（6）：879-904.

[134] Zimmerman B J. Self-Regulated Learning and Academic Achievement：An Overview [J]. Educational Psychologist，1990，25（1）：3-17.

[135] Denessen，E.，Veenman，S.，Dobbelsteen，J.，Van Schilt，J. Dyad Composition Effects on Cognitive Elaboration and Student Achievement[J]. Journal of Experimental Education，2008，76（4）：363-386.

[136] Stegmann，K.，Wecker，C.，Weinberger，A.，Fischer，F. Collaborative argumentation and cognitive elaboration in a computer-supported collaborative learning environment[J]. Instructional Science，2012，40（2）：297-323.

[137] Care E，Griffin P，Scoular C，et al. Collaborative problem solving tasks[J]. Assessment and teaching of 21st century skills：Methods and approach，2015：85-104.

[138] Hou H T. Exploring the behavioral patterns of learners in an educational massively multiple online role-playing game（MMORPG）[J]. Computers & Education，2012，58（4）：1225-1233.

[139] 胡勇. 在线协作学习过程中社会临场感的社会网络分析[J]. 现代远程教育研究，

2013（01）：69-77.

[140] Kumar V S，Gress C L Z，Hadwin A F，et al. Assessing process in CSCL：an ontological approach [J]. Computers in human behavior，2010，26（5）：825-834.

[141] Papamitsiou Z，Economides A A. Temporal learning analytics visualizations for increasing awareness during assessment[J]. RUSC. Universities and Knowledge Society Journal，2015，12（3）：129-147.

[142] 张振虹，刘文，韩智. 学习仪表盘：大数据时代的新型学习支持工具[J]. 现代远程教育研究，2014（03）：100-107.

[143] 张琪，武法提. 学习仪表盘个性化设计研究[J]. 电化教育研究，2018，39（02）：39-44+52.

[144] 姜强，赵蔚，李勇帆，李松. 基于大数据的学习分析仪表盘研究[J]. 中国电化教育，2017（01）：112-120.

[145] Kreijns K，Kirschner P A. The social affordances of computer-supported collaborative learning environments[C]// Frontiers in Education Conference，2001. 31st Annual. IEEE Computer Society，2001.

[146] Janssen J，Erkens G，Kirschner P A. Group awareness tools：It's what you do with it that matters[J]. Computers in Human Behavior，2011（3）：1046-1058.

[147] Phielix C，Prins F J，Kirschner P A，et al. Group awareness of social and cognitive performance in a CSCL environment：Effects of a peer feedback and reflection tool[J]. Computers in Human Behavior，2011，27（3）：1087-1102.

[148] Upton K，Kay J. Narcissus：group and individual models to support small group work[C]//User Modeling，Adaptation，and Personalization：17th International Conference，UMAP 2009，formerly UM and AH，Trento，Italy，June 22-26，2009. Proceedings 17. Springer Berlin Heidelberg，2009：54-65.

[149] Park Y，Jo I H. Development of the Learning Analytics Dashboard to Support Students' Learning Performance[J]. Journal of Universal Computer Science，2015，21（1）：110-133.

[150] Bakharia A，Dawson S. SNAPP：a bird's-eye view of temporal participant interaction[C]//Proceedings of the 1st international conference on learning analytics and knowledge，2011：168-173.

[151] Essa A，Ayad H. Student success system：risk analytics and data visualization using

ensembles of predictive models[C]//Proceedings of the 2nd international conference on learning analytics and knowledge，2012：158-161.

[152] Ali L，Asadi M，Gasevic D，et al. Factors influencing beliefs for adoption of a learning analytics tool：An empirical study[J]. Computers & education，2013，62（mar.）：130-148.

[153] Kehan academy. visual analysis[EB/OL].（2021-11-22）[2021-11-22]. https：//www.khanacademy.org/.

[154] Knewton. visual analysis[EB/OL].（2021-11-22）[2021-11-22]. https：//www.knewton.com/.

[155] Govaerts S，Verbert K，Duval E，et al. The student activity meter for awareness and self-reflection[C]. ACM Conference on Human Factors in Computing Systems，2012：869-884.

[156] Santos J L，Verbert K，Govaerts S，et al. Addressing learner issues with StepUp!：an evaluation[C]// Proceedings of the Third International Conference on Learning Analytics and Knowledge. Belgium：ACM，2013：14-22.

[157] Bodemer D，Dehler J. Group awareness in CSCL environments[J]. Computers in Human Behavior，2011，27（3）：1043-1045.

[158] Carroll J M，Neale D C，Isenhour P L，et al. Notification and awareness：synchronizing task-oriented collaborative activity[J]. International Journal of Man-machine Studies，2003，58（5）：605-632.

[159] Elbishouty M M，Ogata H，Rahman S，et al. Social Knowledge Awareness Map for Computer Supported Ubiquitous Learning Environment[J]. Educational Technology & Society，2010，13（4）：27-37.

[160] Buder J，Bodemer D. Supporting controversial CSCL discussions with augmented group awareness tools[J]. International Journal of Computer-Supported Collaborative Learning，2008，3（2）：123-139.

[161] Buder J. Group awareness tools for learning：Current and future directions[J]. Computers in Human Behavior，2011，27（3）：1114-1117.

[162] Vieira C，Parsons P，Byrd V L，et al. Visual learning analytics of educational data：A systematic literature review and research agenda[J]. Computers in Education，2018，122：119-135.

[163] 赵国庆，黄荣怀，陆志坚.知识可视化的理论与方法[J].开放教育研究，2005（01）：23-27.

[164] Few，S. Information dashboard design - the effective visual communication of data[M]. Sebastopol，CA：O’Reilly Media，Inc，2006.

[165] 李文燕.“格式塔”原理在创意图形设计中的应用[J]. 艺术时尚：理论版，2013（12）：28-29.

[166] 陈必坤，赵蓉英. 学科知识可视化分析的理论研究[J]. 情报理论与实践，2015，38（11）：23-29.

[167] Paivio A. Mental representations：A dual coding approach（Oxford Psychology Series）[M]. USA ：Oxford University Press，1986.

[168] Sweller J. Cognitive Load During Problem Solving：Effects on Learning[J]. Cognitive Science，1988，12（2）：257-285.

[169] 高媛，黄真真，李冀红，黄荣怀. 智慧学习环境中的认知负荷问题[J]. 开放教育研究，2017，23（01）：56-64.

[170] Dyckhoff A L，Zielke D，Bultmann M，et al. Design and Implementation of a Learning Analytics Toolkit for Teachers[J]. Educational Technology & Society，2012，15（3）：58-76.

[171] 牟智佳，武法提. 基于教育数据的学习分析工具的功能探究[J]. 现代教育技术，2017 ，27（11）：113-119.

[172] 杨兵，卢国庆，曹树真，Tiong-Thye Goh. 在线学习系统数据可视化评价标准研究[J]. 中国远程教育，2017（12）：54-61+80.

[173] Ali L，Hatala M，Gasevic D，et al. A qualitative evaluation of evolution of a learning analytics tool[J]. Computers & education，2012，58（1）：470-489.

[174] Kimmerle J，Cress U. Visualization of Group Members' Participation[M]. Inc ：Sage Publications，2009.

[175] Schreiber M，Engelmann T. Knowledge and information awareness for initiating transactive memory system processes of computer-supported collaborating ad hoc groups[J]. Computers in Human Behavior，2010，26（6）：1701-1709.

[176] Lin J W，Tsai C W. The impact of an online project-based learning environment with group awareness support on students with different self-regulation levels：An

extended-period experiment[J]. Computers & Education，2016，99（C）：28-38.

[177] Janssen J，Erkens G，Kanselaar G，et al. Visualization of participation：Does it contribute to successful computer-supported collaborative learning?[J]. Computers & Education，2007，49（4）：1037-1065.

[178] Savicki V，Kelley M，Oesterreich E. Effects of instructions on computer-mediated communication in single-or mixed-gender small task groups[J]. Computers in Human Behavior，1998，14（1）：163-180.

[179] Sangin M，Molinari G，Nüssli M A，et al. Facilitating peer knowledge modeling：Effects of a knowledge awareness tool on collaborative learning outcomes and processes[J]. Computers in Human Behavior，2011，27（3）：1059-1067.

[180] Engelmann T，Tergan S O，Hesse F W. Evoking knowledge and information awareness for enhancing computer-supported collaborative problem solving[J]. The Journal of Experimental Education，2009，78（2）：268-290.

[181] Dehler J，Bodemer D，Buder J，et al. Guiding knowledge communication in CSCL via group knowledge awareness[J]. Computers in Human Behavior，2011，27（3）：1068-1078.

[182] Kimmerle J，Cress U. Group awareness and self-presentation in computer-supported information exchange[J]. International Journal of Computer-Supported Collaborative Learning，2008，3（1）：85-97.

[183] 李艳燕，张媛，苏友，包昊罡，邢爽. 群体感知视角下学习分析工具对协作学习表现的影响[J]. 现代远程教育研究，2019（01）：104-112.

[184] Lin J W，Mai L J，Lai Y C. Peer interaction and social network analysis of online communities with the support of awareness of different contexts[J]. International Journal of Computer-Supported Collaborative Learning，2015，10：139-159.

[185] Janssen J，Erkens G，Kanselaar G. Visualization of agreement and discussion processes during computer-supported collaborative learning[J]. Computers in Human Behavior，2007，23（3）：1105-1125.

[186] Hou H T，Chang K E，Sung Y T. Analysis of problem-solving-based online asynchronous discussion pattern[J]. Journal of Educational Technology & Society，2008，11（1）：17-28.

[187] Yücel A，Usluel Y K. Knowledge building and the quantity，content and quality of

the interaction and participation of students in an online collaborative learning environment[J]. Computers & Education，2016，97：31-48.

[188] Cress U，Kimmerle J. Successful knowledge building needs group awareness：Interaction analysis of a 9th grade CSCL biology lesson[J]. Productive multivocality in the analysis of group interactions，2013：495-509.

[189] Shin Y，Kim D，Jung J. The effects of representation tool（Visible-annotation）types to support knowledge building in computer-supported collaborative learning[J]. Journal of Educational Technology & Society，2018，21（2）：98-110.

[190] Schnaubert L，Bodemer D. Providing different types of group awareness information to guide collaborative learning[J]. International Journal of Computer-Supported Collaborative Learning，2019，14：7-51.

[191] 李艳燕，王晶，廖剑，黄荣怀. 远程协作学习中教师角色研究[J]. 现代教育技术，2008（06）：53-56+12.

[192] Johnson D W，Johnson R T，Hertz-Lazarowitz R，Baines E，Blatchford P，Kutnick P，Huber A A. The Teacher's Role in Implementing Cooperative Learning in the Classroom[M]. [S.l.]：Springer Verlag，2008，8：1-8.

[193] Brekelmans J，Erkens G，Janssen J，et al. Teacher regulation of CSCL：exploring the complexity of teacher regulation and the supporting role of learning analytics[J]. Interuniversity Center for Educational Research，2014，53（4）：1147-1154.

[194] Jing L，Yuen J，Wong W，et al. Automated data analysis to support teacher's knowledge building practice[J]. Connecting Computer-Supported Collaborative Learning to Policy and Practice：CSCL 2011 Conf. Proc. - Community Events Proceedings，9th International Computer-Supported Collaborative Learning Conf，2011：1168-1169.

[195] Abel T D，Evans M A. Cross-disciplinary Participatory & Contextual Design Research：Creating a Teacher Dashboard Application[J]. Interaction design & architecture，2013，19：63-76.

[196] Agustin C，Analia A，Marcelo C. Intelligent assistance for teachers in collaborative e-learning environments[J]. Computers & Education，2009，53（4）：1147-1154.

[197] Kaendler C，Wiedmann M，Rummel N，Spada H. Teacher Competencies for the Implementation of Collaborative Learning in the Classroom：a Framework and Research Review[J]. Educational Psychology Review，2015，27（3）：505-536.

[198] Pol J V D，Beishuizen V J. Scaffolding in Teacher-Student Interaction：A Decade of Research[J]. Educational Psychology Review，2010，22（3）：271-296.

[199] Leeuwen A V，Janssen J，Erkens G，et al. Teacher interventions in a synchronous，co-located CSCL setting：Analyzing focus，means，and temporality[J]. Computers in Human Behavior，2013，29（4）：1377-1386.

[200] Furberg A. Teacher support in computer-supported lab work：bridging the gap between lab experiments and students' conceptual understanding[J]. International Journal of Computer-Supported Collaborative Learning，2016，11（1）：89-113.

[201] Strijbos J W. Assessment of（Computer-Supported）Collaborative Learning[J]. IEEE Transactions on Learning Technologies，2011，4（1）：59-73.

[202] Spada H，Meier A，Rummel N，et al. A new method to assess the quality of collaborative process in CSCL[C]// The Next 10 Years! Proceedings of the 2005 Conference on Computer Support for Collaborative Learning，CSCL '05，Taipei，Taiwan，May 30 - June 4，2005. International Society of the Learning Sciences，2005.

[203] Burkhardt J M，Detienne F，Hebert A M，et al. Assessing the “Quality of Collaboration” in Technology-Mediated Design Situations with Several Dimensions[C]// IFIP TC13 International Conference on Human-Computer Interaction. Springer，Berlin，Heidelberg，2009.

[204] Safin S，Verschuere A，Burkhardt J M，et al. Quality of collaboration in a distant collaborative architectural educational setting[C]// Workshop “Analysing the quality of collaboration in task-oriented computer-mediated interactions” associated to 9th International Conference on the Design of Cooperative Systems COOP，2010.

[205] Gress C L Z，Fior M，Hadwin A F，et al. Measurement and assessment in computer-supported collaborative learning[J]. Computers in Human Behavior，2010，26（5）：806-814.

[206] Reimann P. Time is precious：Variable-and event-centred approaches to process analysis in CSCL research[J]. International Journal of Computer-Supported Collaborative Learning，2009，4：239-257.

[207] Xing W，Wadholm B，Goggins S. Learning analytics in CSCL with a focus on assessment：an exploratory study of activity theory-informed cluster analysis [C]//Proceedings of the fourth international conference on learning analytics and

knowledge，2014：59-67.

[208] Skon L，Johnson D W，Johnson R T. Cooperative peer interaction versus individual competition and individualistic efforts：Effects on the acquisition of cognitive reasoning strategies[J]. Journal of Educational Psychology，1981，73（1）：83-92.

[209] Arnold N，Ducate L，Lomicka L. Assessing online collaboration among language teachers：A cross-institutional case study[J]. Journal of Interactive Online Learning，2009，8（2）：121-139.

[210] 王维花，宫成强，王志巍. wiki 网络协作型学习平台及其过程评价体系的研究与实现[J]. 教育教学论坛，2012（27）：94-96.

[211] 郑燕林，李卢一. 对大数据支持的学习分析与评价的需求调查——基于教师的视角[J]. 现代远距离教育，2015（02）：36-42+47.

[212] Petropoulou O，Kasimatis K，Dimopoulos I，et al. LAe-R：A new learning analytics tool in Moodle for assessing students' performance[J]. Bulletin of the Technical Committee on Learning Technology，2014，16（1）：2-5.

[213] Schreurs B，Teplovs C，Ferguson R，et al. Visualizing social learning ties by type and topic：rationale and concept demonstrator[C]//Proceedings of the Third International Conference on Learning Analytics and Knowledge，2013：33-37.

[214] Xhakaj F，Aleven V，Mclaren B M. How Teachers Use Data to Help Students Learn：Contextual Inquiry for the Design of a Dashboard[C]// European Conference on Technology Enhanced Learning. Springer International Publishing，2016.

[215] Anouschka L，Jeroen J，Gijsbert E，Mieke B. Supporting teachers in guiding collaborating students：Effects of learning analytics in CSCL[J]. Computers & Education，2014，79：28-39.

[216] Anouschka L，Jeroen J，Gijsbert E，Mieke B. Teacher regulation of cognitive activities during student collaboration：Effects of learning analytics[J]. Computers & Education，2015，90：80-94.

[217] 郑娅峰，徐唱，李艳燕. 计算机支持的协作学习分析模型及可视化研究[J]. 电化教育研究，2017，38（04）：47-52.

[218] Ding M，Li X，Kulm P G. Teacher Interventions in Cooperative-Learning Mathematics Classes[J]. Journal of Educational Research，2007，100（3）：162-175.

[219] Stahl，G. Guiding group cognition in CSCL[J]. International Journal of Computer-

Supported Collaborative Learning，2010，5（3），255-258.

[220] Schwarz B B，Asterhan C S. E-Moderation of Synchronous Discussions in Educational Settings： A Nascent Practice[J]. Journal of the Learning Sciences，2011，20（3）：395-442.

[221] 张林，周国韬. 自我调节学习理论的研究综述[J]. 心理科学，2003（05）：870-873.

[222] Ludvigsen Sten R.，Lund Andreas，Rasmussen Ingvill，Säljö Roger. Learning Across Sites：New Tools，Infrastructures and Practices[M]. New York ：Routledge，2010：10.

[223] Pintrich P R，De Groot E V. Motivational and self-regulated learning components of classroom academic performance [J]. Journal of Educational Psychology，1990，82（1）：33-40.

[224] Cho M H，Shen D. Self-regulation in online learning[J]. Distance education，2013，34（3）：290-301.

[225] Lin J W，Lai Y C，et al. Fostering self－regulated learning in a blended environment using group awareness and peer assistance as external scaffolds [J]. Journal of Computer Assisted Learning，2016，32（1）：77-93.

[226] 邓国民，韩锡斌，杨娟. 基于 OERs 的自我调节学习行为对学习成效的影响[J]. 电化教育研究，2016，37（03）：42-49+58.

[227] Li L，Culjak T. The role of goal-orientation in self-regulated learning[J]. Journal of Chinese Psychology Acta Psychologica Sinica，2001.

[228] Winne P H，Hadwin A F. nStudy：Tracing and supporting self-regulated learning in the Internet[J]. International handbook of metacognition and learning technologies，2013：293-308.

[229] Hadwin A，Oshige M. Self-Regulation，Co-Regulation and Socially Shared Regulation：Exploring Perspectives of Social in Self-Regulated Learning Theory [J]. Teachers College Record，2011，113（2）：240-264.

[230] Grau V，Whitebread D. Self and social regulation of learning during collaborative activities in the classroom：The interplay of individual and group cognition[J]. Learning & Instruction，2012，22（6）：401-412.

[231] Järvelä S，Volet S，Järvenoja H. Research on motivation in collaborative learning：Moving beyond the cognitive-situative divide and combining individual and social

processes[J]. Educational psychologist，2010，45（1）：15-27.

[232] Zheng L，Yu J. The Empirical Study on Self-Regulation，Co-Regulation，and Socially Shared Regulation in Computer-Supported Collaborative Learning[C]// IEEE International Conference on Advanced Learning Technologies. IEEE，2015.

[233] Zheng L，Huang R. The effects of sentiments and co-regulation on group performance in computer supported collaborative learning[J]. Internet & Higher Education，2016，28：59-67.

[234] Liskala T，Vauras M，Lehtinen E. Socially-shared metacognition in peer learning?[J]. Hellenic Journal of Psychology，2004，1（2）：147-178.

[235] Erera D，Kay J，Koprinska I，et al. Clustering and Sequential Pattern Mining of Online Collaborative Learning Data [J]. IEEE Transactions on Knowledge & Data Engineering，2009，21（6）：759-772.

[236] Malmberg J，Järvelä S，Järvenoja H. Capturing temporal and sequential patterns of self-，co-，and socially shared regulation in the context of collaborative learning[J]. Contemporary Educational Psychology，2017，49：160-174.

[237] Ucan S，Webb M. Social Regulation of Learning During Collaborative Inquiry Learning in Science：How does it emerge and what are its functions? [J]. International Journal of Science Education，2015，37（15）：2503-2532.

[238] Miller M，Hadwin A. Scripting and awareness tools for regulating collaborative learning：Changing the landscape of support in CSCL[J]. Computers in Human Behavior，2015，52：573-588.

[239] Järvelä S，Kirschner P A，Panadero E，et al. Enhancing socially shared regulation in collaborative learning groups：designing for CSCL regulation tools [J]. Educational Technology Research & Development，2015，63（1）：125-142.

[240] Panadero E，Kirschner P A，Järvelä S，Malmberg J，Järvenoja H. How individual self-regulation affects group regulation and performance：A shared regulation intervention[J]. Small Group Research，2015，46（4）：431-454.

[241] Shelton-Strong S J. Literature Circles in ELT[J]. Elt Journal，2011（2）：214-223.

[242] Widodo H P. Engaging Students in Literature Circles：Vocational English Reading Programs [J]. The Asia-Pacific Education Researcher，2016，25（2）：347-359.

[243] Zorko V. Factors Affecting the Way Students Collaborate in a wiki for English

Language Learning [J]. Australasian Journal of Educational Technology，2013，25（5）：645-665.

[244] Barnard L，Lan W Y，To Y M ，et al. Measuring self-regulation in online and blended learning environments[J]. The Internet and Higher Education，2009，12（1）：1-6.

[245] Su Y，Zheng C，Liang J C，et al. Examining the relationship between English language learners' online self-regulation and their self-efficacy[J]. Australasian Journal of Educational Technology，2018，34（3）.

[246] Chang C J，Chang M H，Chiu B C，et al. An analysis of student collaborative problem-solving activities mediated by collaborative simulations [J]. Computers & Education，2017，114：222-235.

[247] Barnardbrak L，Lan W Y，Paton V O. Profiles in Self-Regulated Learning in the Online Learning Environment [J]. International Review of Research in Open & Distance Learning，2010，11（1）：61-79.

[248] 张成龙，李丽娇. 提升学生网络自我调节学习成效的实证研究[J]. 现代远距离教育，2018（02）：45-52.

[249] Usta E. The Examination of Online Self-Regulated Learning Skills in Web-Based Learning Environments in Terms of Different Variables [J]. Turkish Online Journal of Educational Technology，2011，10（3）：278-286.

[250] Howland J L，Moore J L. Student Perceptions as Distance Learners in Internet-Based Courses [J]. Distance Education，2002，23（2）：183-195.

[251] Ucan S. Changes in primary school students' use of self and social forms of regulation of learning across collaborative inquiry activities [J]. International Journal of Educational Research，2017，85：51-67.

[252] Dolosic H N，Brantmeier C，Strube M，et al. Living Language：Self-Assessment，Oral Production，and Domestic Immersion [J]. Foreign Language Annals，2016，49（2）：302–316.

[253] Hou H T. Integrating cluster and sequential analysis to explore learners' flow and behavioral patterns in a simulation game with situated-learning context for science courses：A video-based process exploration[J]. Computers in human behavior，2015，48：424-435.

[254] Zachariou A，Whitebread D. A new context affording for regulation：The case of

musical play[J]. International Journal of Educational Psychology，2017，6（3）：212-249.

[255] 腾讯科技. 腾讯发布 QQ 年度表情大数据[EB/OL].（2017-01-23）[2021-11-20]. http：//mo.techweb.com.cn/phone/2017-01-23/2478782.shtml.

[256] Kreijns K，Kirschner P A，Jochems W. Identifying the pitfalls for social interaction in computer-supported collaborative learning environments：A review of the research [J]. Computers in Human Behavior，2003，19（3）：335-353.

[257] Jones A，Issroff K. Learning technologies：Affective and social issues in computer-supported collaborative learning[J]. Computers & Education，2005，44（4）：395-408.

[258] Järvenoja H，Järvelä S. Emotion control in collaborative learning situations：Do students regulate emotions evoked by social challenges[J]. British Journal of Educational Psychology，2009，79（3）：463-481.

[259] Backer D L，Keer V H，Valcke M. Exploring evolutions in reciprocal peer tutoring groups' socially shared metacognitive regulation and identifying its metacognitive correlates[J]. Learning and Instruction，2015，38：63-78.

[260] Iiskala T，Volet S，Lehtinen E，et al. Socially shared metacognitive regulation in asynchronous CSCL in science：Functions，evolution and participation[J]. Frontline Learning Research，2015，3（1）：78-111.

[261] Lee L，Lajoie S P，Poitras E G，et al. Co-regulation and knowledge construction in an online synchronous problem based learning setting[J]. Education and Information Technologies，2017，22（4）：1623-1650.

[262] Ku H Y，Tseng H W，Akarasriworn C. Collaboration factors，teamwork satisfaction，and student attitudes toward online collaborative learning[J]. Computers in human Behavior，2013，29（3）：922-929.

[263] 钟薇，李若晨，马晓玲，吴永和. 学习分析技术发展趋向——多模态数据环境下的研究与探索[J]. 中国远程教育，2018（11）：41-49+79-80.

[264] 梁妙，郑兰琴. 协作学习需要教师指导吗[J]. 现代远程教育研究，2012（05）：16-22.